普通高等教育"十三五"规划教材

CATIA V5 基础教程及应用技术

主　编　刘素梅

副主编　王开松　王　轲

参　编　朱银峰　王　莉　赵　弘　钟相强

U0216971

机械工业出版社

在制造业全球化协作分工的大背景下，企业院所广泛运用着三维设计技术，高等院校也加大了三维设计人才的培养力度。三维设计是建立在平面和二维设计的基础上，让设计目标更具立体化、更加形象化的一种新兴设计方法。它是新一代数字化、虚拟化和智能化设计平台的基础，是培育创新型设计人才的重要手段。

本书以三维设计主流软件 CATIA V5 为操作平台，系统介绍了 CATIA 基础操作、草图设计、零件设计、创成式曲面设计、装配设计和工程图设计等方面的功能。每章均有教学重点和难点提示。每章的前半部分介绍软件的命令及其具体操作方法，后半部分通过案例介绍具体操作步骤，引领读者逐步完成模型的创建，使读者能够快速而深入地理解软件中一些抽象的概念和功能。每章文后均有复习题。

该书可作为机械设计工程师的参考书籍，也可作为高等院校机械工程类专业的计算机辅助设计课程的教材。

图书在版编目（CIP）数据

CATIA V5 基础教程及应用技术／刘素梅主编.
—北京：机械工业出版社，2015.6（2024.8 重印）
普通高等教育"十三五"规划教材
ISBN 978 - 7 - 111 - 50000 - 1

Ⅰ.①C… Ⅱ.①刘… Ⅲ.①机械设计-计算机辅助设计-应用软件-高等学校-教材 Ⅳ.①TH122

中国版本图书馆 CIP 数据核字（2015）第 079447 号

机械工业出版社（北京市百万庄大街 22 号 邮政编码 100037）
策划编辑：舒 恬 责任编辑：舒 恬 王勇哲 武 晋 任正一
责任校对：丁丽丽 封面设计：陈 沛
责任印制：郜 敏
北京富资园科技发展有限公司印刷

2024 年 8 月第 1 版第 10 次印刷
184mm×260mm · 16.5 印张 · 407 千字
标准书号：ISBN 978 - 7 - 111 - 50000 - 1
定价：35.00 元

电话服务　　　　　　　　　网络服务
客服电话：010-88361066　　机 工 官 网：www.cmpbook.com
　　　　　010-88379833　　机 工 官 博：weibo.com/cmp1952
　　　　　010-68326294　　金 书 网：www.golden-book.com
封底无防伪标均为盗版　　　机工教育服务网：www.cmpedu.com

前 言
Preface

作为机械工程领域享有很高声誉的全方位产品设计应用软件，法国达索系统公司（Dassault Systemes）基于 Windows 核心重新开发的新一代高端 CAD/CAM 软件 CATIA，代表了三维设计的较高水平，并引领着技术的发展，广泛应用于航天航空、汽车、电子、模具、工业设计和机械制造等行业，被广大工程技术人员接受和应用。其丰富的功能模块，全面的机械工程解决方案，从概念起始的设计、模拟、分析、制造、组装、销售直至维护的全部工业流程，极大地提高了产品研发的效率和创新技术水平。

直观和虚拟现实是三维软件区别于传统二维设计手段的最显著特点，是计算机辅助设计革命性进步的标志。三维设计是 CATIA 的基础模块组，包括草图绘制、三维造型、曲面设计、虚拟装配等部分。笔者在长期教学过程中深刻地感觉到：具有严谨、扎实、系统的三维设计功底及规范的三维模型分析能力是顺利应用 CATIA 后续高级模块的必要基础；应用三维工具软件开展工程设计，不仅仅是独立的零件或单纯的装配问题，实际上是草图、零件、装配各功能模块的有机组合和综合运用。因此，本书以知识点与具体操作互相融合的思路撰写，并力求与工程实践更加紧密地结合。

针对 CATIA 三维设计的核心内容，全书根据知识模块及功能共划分为 6 章。第 1 章 CATIA 软件介绍；第 2 章草图设计；第 3 章零件设计；第 4 章创成式曲面设计；第 5 章装配设计；第 6 章工程图设计。全书内容涵盖了 CATIA 操作界面的介绍、草图的绘制、实体模型的创建、三维曲面的设计、模型装配的设计和工程图的设计等内容。本书按照由浅入深、前后呼应的教学原则进行内容安排，使用了命令讲解结合具体实例的方法，从而使读者能更快、更深入地理解 CATIA 建模中的一些抽象概念、复杂命令和功能，并对运用该软件进行的产品开发过程有全面的了解。另外，本书最后还收录了初学者使用 CATIA 中易出现的部分操作问题及常用快捷键，供读者参考。

本书第 1 章由朱银峰（安徽建筑大学）编写，第 2 章由王莉（安徽农业大学）编写、王开松（安徽理工大学）编写，第 3 章由王轲（安徽农业大学）、赵弘（安徽农业大学）编写，第 4 章由王开松（安徽理工大学）编写，第 5 章由刘素梅（安徽农业大学）编写，第 6 章由钟相强（安徽工程大学）、刘素梅（安徽农业大学）编写。

本书虽然几经反复修改与校对，但是囿于编者的学识和经验，疏漏之处在所难免，恳请专家、同仁和读者不吝指正。

刘素梅

目　录
CONTENTS

第3章　零件设计

第4章　创成式曲面设计

第6章 工程图设计

第1章　CATIA 软件介绍

本章主要介绍 CATIA V5 软件简介、用户界面的基本情况，用户需要掌握的基本操作方法及各部分用途，以便快速熟悉软件，快捷进行设计使用。

☞ **本章主要内容：**
- ◆ CATIA 简介
- ◆ CATIA 用户界面
- ◆ CATIA 基本操作方法

☞ **本章教学重点：**
CATIA V5 功能介绍及基本操作方法

☞ **本章教学难点：**
CATIA V5 软件基本操作方法及各部分用途

☞ **本章教学方法：**
讲授法，问题教学法

1.1　CATIA 简介

1.1.1　CATIA 的历史及发展

CATIA 是英文 Computer Aided Tri-Dimensional Interface Application 的缩写，是世界上一款主流的 CAD/CAE/CAM 一体化软件。在 20 世纪 70 年代 Dassault Aviation 公司成为第一个用户，CATIA 也应运而生。从 1982 年到 1988 年，CATIA 相继发布了 V1、V2、V3 版本，并于 1993 年发布了功能强大的 V4 版本，现在的 CATIA 软件分为 V5 版本和 V6 版本两个系列。V4 之前的版本只能应用于 UNIX 平台，V5 版本可以应用于 UNIX 和 Windows 两种平台。V5 版本的开发开始于 1994 年。为了使软件能够易学易用，法国 Dassault System（达索系统）公司于 1994 年重新开发全新的 CATIA V5 版本。新的 V5 版本界面更加友好，功能也日趋强大，并且开创了 CAD/CAE/CAM 软件的一种全新风格。在 2006 年 3 月发布了 CATIA V5 R16，2007 年 7 月发布了 CATIA V5 R17，2008 年 11 月发布了 CATIA V5 R18，2009 年 1 月发布了 CATIA V5 R19，2010 年 10 月发布了 CATIA V5 R20。

  CATIA 软件广泛应用于航空航天、汽车、造船、机械、电子/电器、消费品行业，它的集成解决方案覆盖所有的产品设计与制造领域，其特有的 DMU 电子样机模块功能及混合建模技术更是推动着企业竞争力和生产力的提高。CATIA 提供方便的解决方案，迎合所有工业领域的大、中、小型企业需要，包括从大型的波音 747 飞机、火箭发动机到化妆品的包装盒，几乎所有的制造业产品。在世界上超过 13,000 的用户选择应用了 CATIA。CATIA 源于航空航天制造业，但其强大的功能已经得到各行业的认可，在欧洲汽车业已成为事实上的标准。CATIA 的著名用户包括波音、克莱斯勒、宝马和奔驰等一大批知名企业，其用户群体在世界制造业中占据了举足轻重的地位。波音飞机公司使用 CATIA 完成了整个波音 777 的电子装配，创造了业界的一个奇迹，从而也确定了 CATIA 在 CAD/CAE/CAM 行业内的领先地位。

  CATIA V5 版本是 IBM 和达索系统公司长期以来在为企业数字化服务过程中不断探索的结晶。围绕数字化产品和电子商务集成概念进行系统结构设计的 CATIA V5 版本，可为数字化企业营造一个针对产品整个开发过程的工作环境。在这个环境中，可以对产品开发过程的各个方面进行仿真，并能够实现工程人员和非工程人员之间的电子通信。产品整个开发过程包括概念设计、详细设计、工程分析、制造乃至产品在整个生命周期中的使用和维护。

  CATIA 是汽车工业的事实标准，是欧洲、北美和亚洲顶尖汽车制造商所用的核心系统。CATIA 在造型风格、车身及引擎设计等方面具有独特的长处，为各种车辆的设计和制造提供了端对端（end to end）的解决方案。CATIA 涉及产品、加工和人三个关键领域。CATIA 的可伸缩性和并行工程能力可显著缩短产品上市时间。

  汽车一级方程式赛车、跑车、轿车、货车、商用车、有轨电车、地铁列车和高速列车，各种车辆在 CATIA 上都可以作为数字化产品。在数字化工厂内，通过数字化流程，进行数字化工程实施。CATIA 的技术在汽车工业领域内是无人可及的，并且被各国的汽车零部件供应商所认可。从近来一些著名汽车制造商，如 Renault、Toyota、Karman 、Volvo 和 Chrysler 等所做的采购决定，足以证明数字化车辆的发展动态。Scania 公司是居于世界领先地位的货车制造商，总部位于瑞典，其货车年产量超过 50,000 辆。当其他竞争对手的货车零部件还在 25,000 个左右时，Scania 公司借助于 CATIA 系统，已经将货车零部件减少了一半。现在，Scania 公司在整个货车研制开发过程中，使用更多的分析仿真，缩短了开发周期，提高了货车的性能和维护性。CATIA 系统是 Scania 公司的主要 CAD/CAM 系统，全部用于货车系统和零部件的设计。通过应用这些新的设计工具，如发动机和车身底盘部件的 CATIA 创成式零部件应力分析系统的应用，公司已取得了良好的投资回报。现在，为了进一步提高产品的性能，Scania 公司在整个开发过程中，正在推广设计师、分析师和检验部门更加紧密的协同工作方式。这种协调工作方式可使 Scania 公司更具市场应变能力，同时又能从物理样机和虚拟数字化样机中不断积累产品知识。

1.1.2 CATIA V5 功能简介

  单击下拉菜单【开始】，CATIA V5 将弹出 13 个模组，如图 1-1 所示。分别是"基础结构""机械设计""外形""分析与模拟""ACE 工厂""加工""数字化装配""设备与系统""制造的数字化处理""加工模拟""人机工程学设计与分析""知识工程""ENOVIA V5 VPM"，各个模组里又有一个到几十个不同的二级工作台。下面介绍 CATIA V5 R20 中的一些主要模组。

1. "基础结构"模组

单击"基础结构"模组右边的三角形箭头，将弹出其二级工作台，主要包括"产品结构""材料库"，CATIA 不同版本之间的转换，"目录编辑器""Photo Studio"等工作台，如图 1-1 所示。

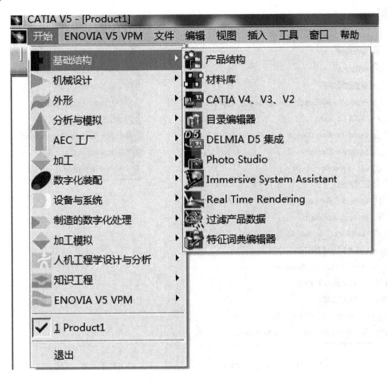

图 1-1　"基础结构"模组

2. "机械设计"模组

从概念到细节设计，再到实际生产，CATIA V5 的"机械设计"模组可以加速产品设计的核心活动，还可以通过专用的应用程序来满足钣金与模具制造商的需求，从而大幅度提升其设计能力，缩短上市时间。

"机械设计"模组提供了机械设计中所需要的绝大多数工作台，包括"零件设计""装配设计""草图编辑器""工程制图""线框和曲面设计"等二级工作台，如图 1-2 所示。本书将主要介绍该模组中的一些工作台。

3. "外形"模组

CATIA 外形设计和风格造型为用户提供了有创意、易用的产品设计组合，方便用户构建、修改工程曲面或自由曲面。它包括了"自由曲面造型（FreeStyle）""创成式外形设计（Generative Shape Design）"和"快速曲面重建（Quick Surface Reconstruction）"等工作台，如图 1-3 所示。

"创成式外形设计"工作台的特点是，通过对设计方法和技术规范的捕捉和重新使用，从而加速设计过程。

　　"曲面技术规范编辑器"工作台可以帮助用户对设计意图进行捕捉，使用户在设计周期中的任何时候都能方便快捷地实施重大设计的更改。

　　"自由曲面造型"工作台为用户提供了一系列工具，来定义复杂的曲面和曲线。对NUBRS 的支持使得曲面的建立和修改以及与其他 CAD 系统数据交换更加轻而易举。

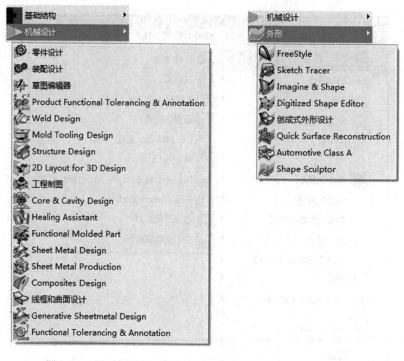

图 1-2 "机械设计"模组　　　　　　　　　　图 1-3 "外形"模组

　　4. "分析与模拟"模组

　　如图 1-4 所示，CATIA V5 创成式设计和基于知识的工程分析解决方案，可快速对任何类型的零件或装配体进行工程分析，基于知识工程的体系结构，可以方便用户理清分析规则和根据分析结果优化产品。

　　5. "AEC 工厂"模组

　　"AEC 工厂"模组提供了快捷的厂房布局设计功能，如图 1-5 所示。该模组可以优化生产设备布置，从而达到优化生产过程，提高效率。"AEC 工厂"模组主要用于处理空间利用和厂房物品的布置，可快速地处理厂房和厂房布置后续的工作。

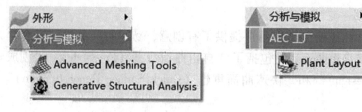

图 1-4 "分析与模拟"模组　　　　　　　　　图 1-5 "AEC 工厂"模组

6."加工"模组

CATIA V5 的"加工"模组提供了包含从两轴到五轴加工的高效的编程能力，并支持快速原型功能（STL Rapid Prototyping），如图 1-6 所示。相对于其他现有的数控加工解决方案，其优点如下：

1）高效的零件编程能力。

2）高度的自动化和标准化。

3）高效的变更管理。

4）优化刀具路径并缩短加工时间。

5）减少管理和技能方面的要求。

7."数字化装配"模组

"数字化装配"模组提供了动态机构仿真、装配配合空间分析、产品功能分析与功能优化等功能，如图 1-7 所示。

图 1-6　"加工"模组

图 1-7　"数字化装配"模组

8."设备与系统"模组

"设备与系统"模组可用于在 3D 电子样机配置中模拟复杂电气、液压传动和机械系统的协调设计和集成，优化空间布局，如图 1-8 所示。

9."制造的数字化处理"模组

该模组提供了在三维空间中进行产品的特征和公差与配合标注等功能，如图 1-9 所示。

10."加工模拟"模组

该模组提供了数控加工模拟仿真，如图 1-10 所示。

图 1-8　"设备与系统"模组

图 1-9 "制造的数字化处理"模组　　　　图 1-10 "加工模拟"模组

11. "人机工程学设计与分析"模组

该模组使工作人员与其使用的作业工具实现了安全和有效的结合，使作业环境更适合工作人员，从而在设计和使用安排上统筹考虑。它包含"人体模型构造（Human Measurements Editor）""人体行为分析（Human Activity Analysis）""人体姿态分析（Human Posture Analysis）"等工作台，如图 1-11 所示。

12. "知识工程"模组

该模组为用户提供了方便易用的知识工程环境，从而可以创建、访问及应用企业的知识库，在保存企业知识的同时，充分利用这些宝贵经验。知识工程的应用可为企业带来以下方面的效益：

> 可以大幅减少重复设计，缩短设计周期，降低错误率。
> 知识库的创建可以优化设计，减少后期因为工艺问题带来的设计更改。
> 知识库的创建促进了企业的标准化，提升设计质量，统一设计风格。
> 知识库将企业以往的设计经验、参数等智能资产总结打包，可以最大幅度地降低人员流动带来的冲击，有利于新人的培训与快速成长和企业技术知识的保密。

"知识工程"模组可以方便地进行自行设计，同时还可以有效地捕捉和重用知识。它包含"知识工程顾问（Knowledge Advisor）""知识工程专家（Knowledge Expert）""产品工程优化（Product Engineering Optimizer）""产品知识模板（Product Knowledge Template）""产品功能定义（Product Function Definition）"等工作台，如图 1-12 所示。

图 1-11 "人机工程学设计与分析"模组　　　　图 1-12 "知识工程"模组

1.2 CATIA 用户界面

CATIA V5 用户界面包括下拉菜单栏、特征树、罗盘（指南针）、右侧工具栏按钮区、下部工具栏按钮区、功能输入区、消息区以及图形显示区等，如图 1-13 所示。

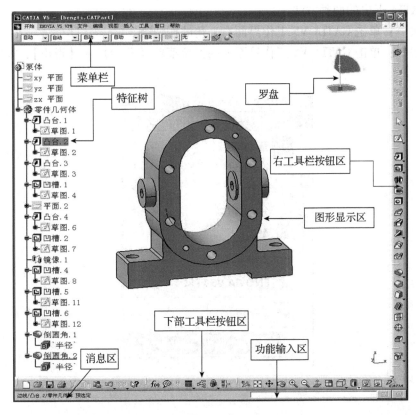

图 1－13　CATIA V5 用户界面

1.2.1　启动与退出

（1）启动并进入 CATIA V5 软件环境的两种方法

1）方法一：双击 Windows 桌面上的 CATIA V5 软件快捷图标，如图 1－14 所示。

说明：只要是正常安装，Windows 桌面上就会显示 CATIA V5 软件的快捷图标。快捷图标的名称可根据需要进行修改。

图 1－14　CATIA V5
软件快捷图标

2）方法二：从 Windows 桌面左下角的【开始】菜单进入 CATIA V5 软件环境，操作方法如图 1－15 所示。

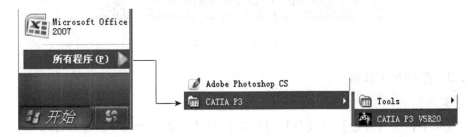

图 1－15　【开始】菜单启动 CATIA V5 软件环境

（2）CATIA 退出的两种方法

1）方法一：单击 CATIA V5 工作界面右上角的按钮☒。

2）方法二：单击 CATIA V5 工作界面上的下拉菜单【开始】→【退出】，如图 1-16 所示。

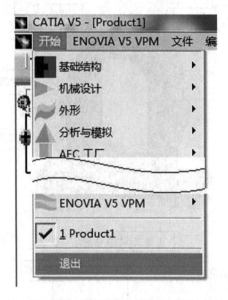

图 1-16　通过下拉菜单【开始】退出程序

1.2.2　工作台（Workbenches）

CATIA V5 共有一百多个工作台，在不同的模块设计时将创建适用的工作台。每一个工作台是由许多命令组成的集合，每一个命令用于处理特定文件。工作台的功能与软件界面的下拉菜单【开始】的功能相同，用户可以把常用的模块加入到【工作台】菜单栏中，以方便使用，如图 1-17 所示。

工作台的初始状态不包括任何模块，用户可以在【工具】→【用户定制】→【开始菜单】中进行设置（或【View】→【Toolbar】→【定制】）。用户可在工作台中添加一些常用的模组图标，减少模块之间的切换，提高工作效率。

图 1-17　【工作台】菜单栏

1.2.3　菜单与工具条

1. 主菜单栏

下拉菜单中包含【开始】、【文件】、【编辑】和【工具】等命令。在 CATIA 中，主菜单栏由 10 个菜单组成，如图 1-13 所示。每个菜单又有多个选项组成，见表 1-1。

表 1-1   主菜单及其功能

菜单	功能
开始（Start）	调用工作台，实现工作台之间的转换
文件（File）	实现文件管理，包括【New】、【Open】、【Save】等常用操作命令
编辑（Edit）	对文件进行复制和删除等常规操作
视图（View）	控制特征树、指南针和模型的显示等操作
插入（Insert）	主要的工作菜单，大部分绘图工具都包含在这里面
工具（Tools）	用户自定义工具栏、修改环境变量等高级操作
窗口（Window）	管理多个窗口
帮助（Help）	实现在线帮助

2. 工具栏

工具栏将菜单中的大部分命令用图标按钮的方式显示出来，方便用户调用。CATIA 不同功能模块的工具栏组成有所不同，每个模块的工具栏包括了各种子工具栏，可以隐藏有些不需要使用的工具栏，在需要使用时再将其显示出来。在图 1-13 所示的工具栏区域中的任何一个位置单击鼠标右键，弹出工具栏，其中列出了对应当前模块的所有子工具栏名称，可以选择要显示/关闭的子工具栏。如图 1-18 所示。

图 1-18 所示工具栏的每一个项目都是一个子工具栏，该名称的前面如果有一个☑符号，表示该工具栏已经显示了，反之则没有显示。例如，☑产品视图结果工具栏就已经显示出来了。如果读者需要将已经显示出来的工具栏隐藏，只需要将其前面的☑去掉就可以了。对于所有的工作台而言，总有一些公用的工具栏，下面介绍这些主要工具栏的基本命令。

（1）【标准】工具栏 图 1-19 所示的【标准】工具栏共包含十个工具，其用法与 Windows 操作系统相类似。

（2）【视图】工具栏 图 1-20 所示的【视图】工具栏有很多命令按钮，它们的基本功能及释义见表 1-2。

图 1-19 【标准】工具栏

图 1-20 【视图】工具栏

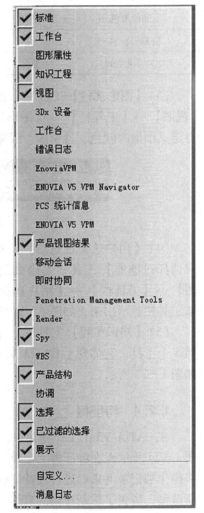

图 1-18 工具栏

9

表 1-2　【视图】工具栏主要按钮功能

名称	按钮	功能
飞行模式		以"飞行"的方式对选定的特征进行动态演示
适应全部		将可见图素以最大化状态全部显示在绘图区内
平移		按住鼠标左键在绘图区中移动即可实现平移功能
旋转		按住鼠标左键并在绘图区移动即可实现旋转功能
放大		单击该按钮，即可实现放大功能
缩小		单击该按钮，即可实现缩小功能
法线视图		以垂直的角度观察选定的面
创建多视图		显示模型的三视图和轴测图
等轴测视图		用户选择等轴测、前、后、左、右、顶和底等 7 个视角观看物体
含边线着色		可以按要求选取不同演示和着色显示，共 6 种显示方法
隐藏和显示		将选定的图素隐藏或显示出来
交换可见空间		切换绘图界面至隐藏图素状态

（3）【图形属性】工具栏　系统默认的【图形属性】工具栏是隐藏的，可以通过选择【视图】→【工具栏】→【图形属性】菜单项，使其显示出来。在该工具栏中，用户可以自定义图形的颜色、透明度、线宽和线型等选项，如图 1-21 所示。

图 1-21　【图形属性】工具栏

（4）【用户选择过滤器】工具栏　系统默认的【用户选择过滤器】工具栏是隐藏的，可以通过选择【视图】→【工具栏】→【用户选择过滤器】菜单项，使该工具栏显示出来，如图 1-22 所示。

图 1-22　【用户选择过滤器】工具栏

（5）【知识工程】工具栏　【知识工程】工具栏包括 5 个工具，它体现了 CATIA V5 强大的参数设计功能，如图 1-23 所示。

图 1-23　【知识工程】工具栏

1.2.4　特征树

在 CATIA V5 的工作界面中，图形显示区域的最左侧是当前工作文档的设计特征树。如图 1-24 所示，在特征树上记录了产品设计的所有逻辑信息，同时将产品生成过程中的每一步操作都记录下来。通过在特征树上的简单编辑、重新排序，可以轻松地完成一个零件的重新造型，省去了重新建模的麻烦。

对于特征树同样可以进行多种操作：隐藏特征树（对特征树的操作，可以通过按〈F3〉键进行切换）、移动特征树、激活特征树、展开折叠特征树、放大缩小特征树等。

从图 1-24 所示可知，每个特征树第一层就像一个树的主干，第二层像树的枝干，逐渐到最后一层树的"叶子"。

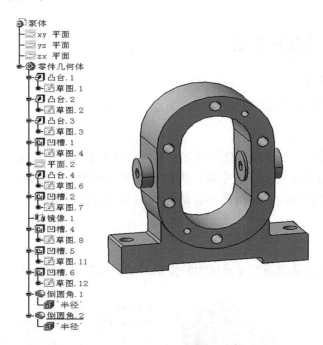

图 1－24　特征树

　　需要注意的是：在产品设计过程中，如果操作者单击了特征树上的连接线就会变成如图 1－25 所示的灰色模型，表示当前被激活的对象为特征树，而非图形显示区内的模型。可以再次单击连接线使模型被激活，重新变得清晰。

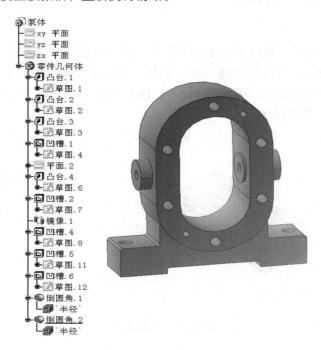

图 1－25　特征树被激活

1.3 CATIA 基本操作方法

1.3.1 鼠标操作

实用且快捷的鼠标组合按键功能如下：

1. 左键

单击左键，完成选择或编辑对象的功能；在树状目录中的某个对象上双击左键，可以重新编辑之；在某个命令按钮上双击左键，可以重复执行该命令；在草图绘制过程中双击左键，可以结束草图中的曲线和非封闭的连续折线的绘制状态并退出。图 1 – 26 所示为选中对象。

2. 中键

按住中键不放可以移动图形显示区内的模型，图 1 – 27 所示即为平移对象。

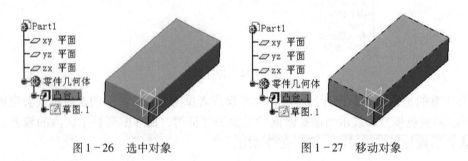

图 1 – 26　选中对象　　　　　　　　图 1 – 27　移动对象

3. 中键 + 左键（右键）

在屏幕上的任何地方，同时按住鼠标中键和左键（或右键）不放并移动鼠标，模型会随鼠标的移动而旋转；同样按住中键不放，单击一下左键（或右键）并上下移动鼠标，则模型会随着鼠标上移而被放大、下移而被缩小。图 1 – 28 所示即为按住鼠标中键和左键（或右键）后，移动鼠标旋转模型。

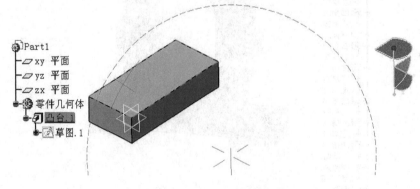

图 1 – 28　旋转模型

4. 右键

在不同区域单击鼠标右键，会弹出相应功能的快捷菜单，图 1-29 所示为在模型上单击鼠标右键后弹出的快捷菜单。

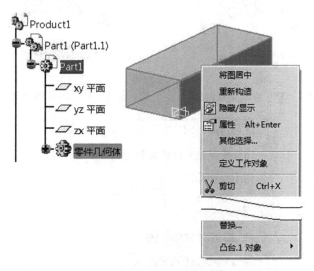

图 1-29　单击鼠标右键后弹出的快捷菜单

1.3.2　罗盘操作

在 CATIA 界面的绘图区右上角有一个罗盘（也称作指南针），如图 1-30 所示。这个罗盘代表当前的工作坐标系，当模型旋转时可以看到罗盘也随之旋转。在绘图设计过程中罗盘发挥着重要的作用。罗盘的具体使用方法如下：

（1）平移　单击罗盘上的任意一轴线（即 X、Y、Z 轴）并移动，模型就会沿着所选中的轴线方向移动，如图 1-30 所示的 Z 轴和图 1-31 所示的 Y 轴。按住罗盘上 XY、XZ、YZ 任意一平面，屏幕上的空间及模型可在该平面上移动。图 1-32 所示为按住 YZ 平面。

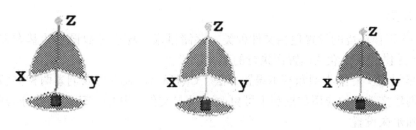

图 1-30　沿 Z 轴平移　　　图 1-31　沿 Y 轴平移　　　图 1-32　按住 YZ 平面

（2）自由旋转　如图 1-33 所示，用鼠标左键按住罗盘 Z 轴顶端的圆点并移动鼠标，罗盘会绕下方的方块（也就是原点）自由旋转，屏幕上的模型和空间也会随之旋转。如图 1-34 所示，按住罗盘 XY 平面上的弧线，罗盘就可以绕 Z 轴旋转。同理 XZ、YZ 平面也有相同的功能。在罗盘上右键单击鼠标，会出现如图 1-35 所示的快捷菜单。

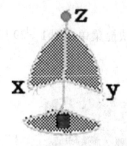

图 1-33 绕原点自由旋转　　　图 1-34 绕 Z 轴自由旋转

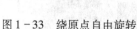

图 1-35 快捷菜单

1.3.3 环境设置与文件类型

如何设置 CATIA V5 的工作环境，是用户学习使用 CATIA 软件应该掌握的基本技能。合理设置 CATIA V5 的工作环境，对于提高工作效率、使用个性化工作环境具有极其重要的意义。

1. 环境设置

CATIA V5 工作环境的设置包括文件种类、存储目录、环境参数设置的基本方法以及针对 CATIA V5 提供的系统默认设置而执行的优化设置。

（1）环境设置文件的类型和基本设置方法　CATIA V5 版本可以创建两种类型的数据文件，包含在创建文档里的应用数据和不可更改的设置文件。其中，环境设置分为两种类型：临时性设置和永久设置。

（2）设置文件的存储目录　在 Windows 系统中，CATIA 为了保存文档以便于日常管理，提供了特定的组织结构形式，可以将用户数据、用户设置和计算机设置分别进行保存。

2. 常规

选择【工具】→【选项】菜单项，弹出【选项】对话框，在对话框左边的项目树中单击"常规"选项的展开按钮，会相应地展开"显示""兼容性""参数和测量""设备和虚拟现实"四个子选项，如图 1-36 所示。

图 1-36　"常规"【选项】对话框

（1）显示　单击"显示"选项，在【选项】对话框右侧出现针对显示设置的各选项卡，如图 1-37 所示，包括"树外观""树操作""浏览""性能""可视化""层过滤器""线宽和字体"和"线型"等。

图 1-37　"显示"【选项】对话框

（2）兼容性　单击"兼容性"选项，在【选项】对话框右侧显示针对兼容性相应的各选项卡，可以设置 CATIA V5 导入、导出各种文件的兼容性参数，如图 1-38 所示。

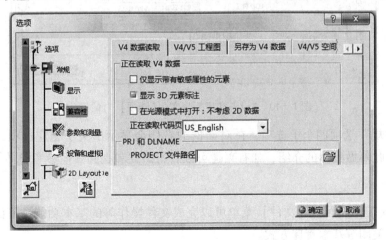

图 1-38　"兼容性"【选项】对话框

（3）参数和测量　单击"参数和测量"选项，在【选项】对话框的右侧显示"知识工程""单位""缩放"和"知识工程环境"等选项卡，可以进行参数与测量的设置，如图1-39所示。

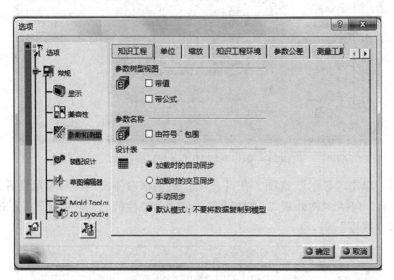

图1-39　"参数和测量"【选项】对话框

（4）设备和虚拟现实　单击"设备和虚拟现实"选项，在【选项】对话框的右侧显示出"设备"和"支持平板"选项卡，可以进行一些外部设置，如图1-40所示。

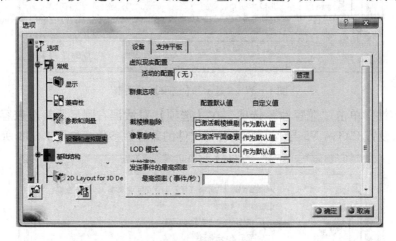

图1-40　"设备和虚拟现实"【选项】对话框

单击"常规"选项四个子选项，在对话框的右侧会显示出关于相应选项的设置，每个选项的内容在此不做具体的介绍，如有兴趣可以自行研究和查阅其他参考资料。

3. 关于文件类型

CATIA V5 工作界面的【文件】菜单可以完成文件操作等的基本功能。下面介绍文件的保存、打开、关闭等基本管理方式。

（1）CATIA V5 文件命名有如下规则

➤ 可以使用 26 个英文字母 A 到 Z 的大/小写。

➤ 可以使用阿拉伯数字 0 到 9。

➤ 不能使用大于号（＞）、小于号（＜）、星号（＊）、冒号（：）、引号（"）、问号（？）、正斜线（／）、反斜线（＼）和竖线（｜）等符号。

（2）新建文件　单击【标准】工具栏中的【新建】工具按钮□；或者选择菜单【文件】→【新建】，出现如图 1－41 所示的菜单；或者使用快捷键〈Crtl＋N〉，系统弹出【新建】对话框，如图 1－42 所示。

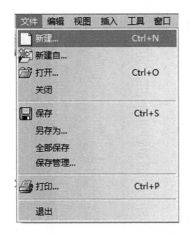

图 1－41　单击【标准】工具栏新建文件　　　　图 1－42　使用快捷菜单新建文件

（3）打开文件　单击【标准】工具栏中的【打开】工具按钮，或者选择菜单【文件】→【打开】菜单项，打开如图 1－43 所示菜单；或者使用快捷键〈Crtl＋O〉，系统弹出【选择文件】对话框，如图 1－44 所示。CATIA V5 能打开的文件类型如图 1－45 所示。

图 1－43　单击【标准】　　　　图 1－44　使用快捷菜单打开文件
　　工具栏打开文件

```
所有 CATIA V4 文件 (*.model;*.session;*.library)
所有标准文件 (*.igs;*.wrl;*.stp;*.step)
所有向量文件 (*.cgm;*.gl;*.gl2;*.hpgl)
所有位图文件 (*.*)
3dmap (*.3dmap)
3dxml (*.3dxml)
act (*.act)
asm (*.asm)
bdf (*.bdf)
brd (*.brd)
目录 (*.catalog)
分析 (*.CATAnalysis)
工程图 (*.CATDrawing)
CATfct (*.CATfct)
CATKnowledge (*.CATKnowledge)
材料 (*.CATMaterial)
零件 (*.CATPart)
流程 (*.CATProcess)
产品 (*.CATProduct)
CATResource (*.CATResource)
形状 (*.CATShape)
CATSwl (*.CATSwl)
功能系统 (*.CATSystem)
cdd (*.cdd)
cgm (*.cgm)
dwg (*.dwg)
dxf (*.dxf)
gl (*.gl)
gl2 (*.gl2)
hpgl (*.hpgl)
icem (*.icem)
idf (*.idf)
ig2 (*.ig2)
igs (*.igs)
library (*.library)
model (*.model)
pdb (*.pdb)
ps (*.ps)
session (*.session)
step (*.step)
stp (*.stp)
svg (*.svg)
tdg (*.tdg)
wrl (*.wrl)
```

图 1-45　CATIA V5 能打开的文件类型

（4）文件保存　保存已经存在的文件，单击【标准】工具栏中的工具按钮；或者选择【文件】→【保存】菜单项；或者使用快捷键〈Ctrl + S〉。

如果所保存的文件为产品结构，系统会提示使用【全部保存】命令保存。

当第一次对文件进行保存时，选择【文件】→【保存】菜单项，会弹出【另存为】对话框。然后选择文件保存的路径，并且对文件名进行命名，选择文件类型即可。

以另外一个文件名保存文件时，选择【文件】→【另存为】菜单项，会弹出【另存为】对话框。然后选择文件保存的路径，并且对文件进行命名，选择文件类型即可保存，如图 1-46 所示。

图 1-46   文件保存

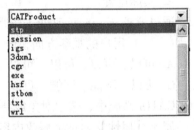

图 1-47   存储文件类型

【另存为】对话框能存储的文件类型如图 1-47 所示。

（5）文件类型   在 CATIA V5 中创建的零件、工程图、装配体、分析和工艺过程等，均可以保存为单独文件，也可以单独打开并编辑修改之。其中，装配体、分析和工艺过程等文件与它引用的模型文件之间存在着关联关系。CATIA V5 常用的文件类型见表 1-3。

表 1-3   常用文件类型

文件类型	文件扩展名	保存内容	可能关联的文件
零件	. CATPart	零件实体、草图和曲面等	
工程图	. CATDrawing	图纸页和视图等	零件和装配
装配体	. CATProduct	装配关系、装配约束和装配特征等	零件和装配
工艺过程	. CATProcess	数控加工工艺和产品关系等	零件和装配
库目录	. CATalog	标准件库和刀具库等	

本章小结

本章介绍了 CATIA V5 的基本知识，主要内容有 CATIA 软件总体介绍，通过本章的学习，初学者可以了解 CATIA 软件的特点及其应用范围。本章的重点和难点为基本操作方法及各部分用途，希望初学者按照讲解方法再进一步进行实例练习，为软件的后续学习奠定基础。

复习题

一、选择题

1. 如何用鼠标上下移动实现模型的缩放（　　）
   A. 按住中键 + 单击右键　　　　　　　　B. 按住中键 + 按住右键
   C. 按住左键　　　　　　　　　　　　　　D. 按住中键

2. 按住鼠标中键，移动鼠标，改变了图形对象的（　　）
   A. 实际位置　　　　　　B. 显示位置　　　　　C. 实际大小　　　　　D. 显示比例

3. 以下哪项操作是通过罗盘无法实现的（　　）
   A. 绕系统坐标系 Z 轴旋转模型　　　　　B. 沿 X 轴方向精确移动模型
   C. 在零件装配中移动零部件　　　　　　　D. 修改特征的颜色属性

4. 同时按住鼠标中键和左键，移动鼠标，改变了图形对象的（　　）
   A. 实际位置　　　　　　B. 观察方向　　　　　C. 实际大小　　　　　D. 显示比例

5. 通过罗盘（　　）改变了图形对象的实际位置，（　　）改变了图形对象的显示位置，
   （　　）用户的观察方向，（　　）旋转图形对象。
   A. 可以、可以、可以、可以　　　　　　　B. 不能、可以、可以、不能
   C. 可以、不能、不能、可以　　　　　　　D. 可以、可以、可以、不能

6. CATIA 系统中，选中对象或特征，右键快捷菜单可以调出【属性】对话框。以下哪项不
   属于【属性】对话框修改内容（　　）
   A. 对象颜色　　　　　B. 特征名称　　　　　C. 对象线型　　　　　D. 对象材料属性

7. 图标 的作用是（　　）
   A. 让模型整体居中显示　　　　　　　　　B. 平移模型
   C. 旋转模型　　　　　　　　　　　　　　D. 缩放模型

8. 当在 CATIA 窗口中打开多个文档时，以下哪种不是切换文档窗口的方法（　　）
   A. 按快捷键〈Ctrl + Tab〉　　　　　　　B. 按快捷键〈Alt + Tab〉
   C. 在【开始】菜单中选择不同文档切换　　D. 在【窗口】菜单中选择文档切换

二、简答题

1. CATIA V5 软件有哪些特点？

2. CATIA V5 软件功能有哪些？试举例说明。

3. CATIA V5 软件中鼠标和罗盘操作有哪些方面？试举例说明。

4. 什么是工作台？如何定制工作台？

5. 在产品设计过程中，图形显示区的模型变成灰色不能编辑或修改，这是什么原因？如何
   修改？

6. 什么是特征树？如何放大特征树中的字体？

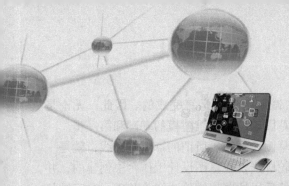

第2章 草图设计

使用 CATIA 软件开展三维设计都是先由草图设计开始的，在草图绘制完成的基础上再对草图元素进行拉伸、旋转、放样等特征操作，进而生成零件等。因此，草图绘制在 CATIA 应用中占有重要地位，是掌握软件的第一步。一个完整的草图包括几何形状、几何关系和尺寸标注等信息。草图绘制能力的培养，是利用 CATIA 进行三维建模的基础。本章将详细介绍草图绘制、草图编辑及其他生成草图的方法。

☞ **本章主要内容：**
   ◆ 草图设计环境
   ◆ 草图绘制
   ◆ 草图编辑
   ◆ 草图元素的约束
   ◆ 草图检查分析
   ◆ 实例操作

☞ **本章教学重点：**
   草图元素的绘制、编辑与约束

☞ **本章教学难点：**
   草图元素的约束

☞ **本章教学方法：**
   讲授法，案例教学法

2.1 草图设计环境

2.1.1 草图概念

在 CATIA 中建立的三维数字模型是通过一系列特征操作完成的。而这些特征操作，又是依赖于一定的草图进行拉伸、旋转、放样等操作完成的。例如，长方体的三维模型，先创建矩形截面的草图，再使用拉伸特征操作即可完成建模；圆形草图沿一条空间曲线轨迹，通过扫描特征操作可以得到类似电线和电缆的模型；而创建复杂模型时，也是首先创建诸多个草图，通过多个特征操作，再相互进行"加"或"减"等布尔运算完成的。因此，无论是简单还是复杂的模型，都要先进行草图设计。创建草图轮廓是三维建模的基础和第一步。

草图设计的目的，就是创建特征操作所依赖的草图轮廓线。所谓的草图轮廓线，就是一个二维曲线的集合，是整个设计的最初概念。草图轮廓线是在草图设计工作台中创建的，并在该平台中用约束来限制草图元素的位置和尺寸。然后以这些二维轮廓线为基础，在三维状态下进行曲线、曲面或规则实体的创建。

在 CATIA 中，草图绘制设计是最基础、比较重要的部分。掌握了二维草图的绘制技能，在三维实体造型中将会得心应手，甚至可以达到事半功倍的效果。同时，草图绘制速度的快慢、草图绘制质量的好坏，都关系到整个建模工作的效率和质量。

2.1.2 草图设计环境的设置

1. 草图设计工作台的进入

1）打开 CATIA V5 软件系统。单击计算机桌面菜单【开始】→【程序】，单击 CATIA V5（或双击桌面图标），打开如图 2-1 所示的 CATIA V5 软件系统的界面。

图 2-1 CATIA V5 软件系统的界面

2）打开 Part1（零件）设计工作台。打开零件设计工作台的方法有三种：

➤ 选择软件界面的下拉菜单【开始】→【机械设计】→【零件设计】命令。
➤ 选择软件界面的下拉菜单【开始】→【机械设计】→【草图编辑器】命令。
➤ 选择【开始】→【外形】→【创成式外形设计】命令。

然后，系统弹出【新建零件】对话框，在"输入零件名称"文本框中输入文件名称（或采用默认的名称"Part 1"），单击"确定"按钮（图 2-2），即可进入零件设计工作台，如图 2-3 所示。

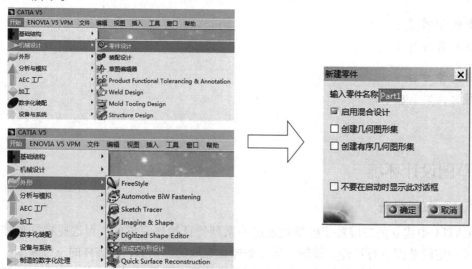

图 2-2 新建零件的方法

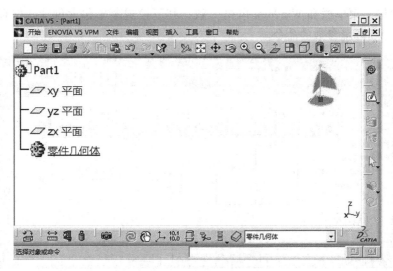

图 2-3　零件设计工作台

注意：此时并没有直接进入草图工作台，而是进入到"Part1"（零件）设计工作台。

3）打开草图设计工作台。绘制草图是在二维环境中完成的，因此需要选择一个草图绘制平面才能进入草图设计工作台。在零件设计工作台中，选择绘图平面的方法有三种，如图 2-4 所示：

➤ 在特征树上选择一个基准平面（"XY/YZ/ZX 平面"）。

➤ 选择使用已有实体上的一个平面。

➤ 根据建模需要，选择用户创建的平面作为草图的工作平面（"平面 1"）。

图 2-4　选择绘图平面的三种方法

选择上述任何一个平面后，再单击工具栏中的进入草图工作台的按钮 ⊠（或者先单击该图标按钮，再选择上述任一个平面），即可进入草图设计工作台，开展草图绘制的工作；也可以单击下拉菜单【插入】→【草图编辑器】→【草图】命令后，再选择一个平面（或者反之），进入草图设计工作台。如图 2-5 所示。

如果特征树上已经存在绘制好的草图，则可以在特征树的该草图名称上双击左键，或在图形显示窗口的草图元素上双击左键，均能直接进入到该草图的设计工作台，编辑或修改该草图。

2. 草图设计的用户界面

如图 2-5 所示的草图设计工作台中，用户界面共包括菜单栏、工具栏、工具条、特征树、显示图形的主窗口、罗盘、命令提示行和功能输入栏等。

（1）菜单栏　菜单栏和 Windows 风格一致，其下拉式菜单包含创建、保存、修改模型和设置 CATIA V5 环境参数的命令。

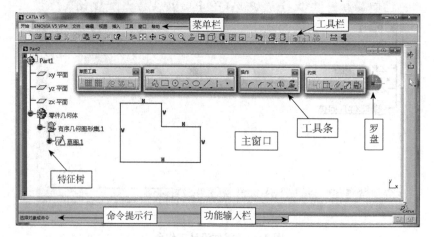

图 2 - 5　草图设计工作台

（2）特征树　特征树中列出了当前活动文件中的所有零件及其特征，并以树的形式显示出模型建立的结构，根对象（活动零件或组件）显示在特征树的顶部，其从属对象（零件或特征）位于根对象之下。例如，在活动装配文件中，"特征树"列表的顶部是装配体，装配体下方是每个零件的名称；在活动零件文件中，"特征树"列表的顶部是零件，零件下方是每个特征的名称。若打开多个 CATIA V5 模型文件，特征树只反映当前活动模型的内容。

注意：通过〈Ctrl + Tab〉键，可以在已经打开的不同模型文件之间实现切换。

（3）主窗口　主窗口是元素图形的显示区域，其四周的区域均为放置工具条的工具栏区域。

（4）工具栏　工具栏内可以集合很多个子工具条，子工具条可以随意布置在主窗口四周，也可以单独布置在主窗口内。

（5）子工具条　子工具条是执行命令的工具图标集，工具图标为快速执行命令或设置工作环境提供了极大的方便，用户可以根据具体情况定制子工具条。常用的草图绘制工具条可以分为：

➢ 草图设计环境定制的草图工具条。

➢ 草图轮廓绘制的轮廓工具条。

➢ 草图元素修改与编辑的操作工具条。

➢ 草图元素定形与定位的约束工具条。

注意：用户会看到有些菜单命令或按钮处于非激活状态（呈灰色），这是因为它们目前还没有处在发挥功能的环境中。一旦它们进入有关的环境，便会自动激活。

通过鼠标将光标移动到工具栏区域内，再单击鼠标右键，弹出工具条选项的对话框，可以控制工具条的显示与关闭。已经显示的工具条，可以单击其右上角的关闭按钮直接关闭。

（6）罗盘　罗盘代表着当前的工作坐标系，当模型旋转时罗盘也随之旋转。关于罗盘的具体操作，参见 1.3.2 节罗盘操作。

（7）功能输入栏　可利用键盘在功能输入栏中输入 CATIA 命令字符，进行功能操作。

（8）命令提示行　在用户操作软件的过程中，命令提示行会实时地显示与当前操作相关的提示信息等，以引导用户操作。

3.【草图工具】工具条

绘制草图轮廓时，可以通过【草图工具】工具条 ，完成一些辅助性操作环境的设置。

➤ "网格"：显示/隐藏网格。图形显示主窗口中的网格，可以为绘制草图轮廓提供参考。

➤ "点对齐"：设置网格捕捉。此按钮被激活时，在进行轮廓绘制时，选择的点只能是网格节点。

➤ "构造/标准元素"：对某个草图元素对象进行构造元素与标准元素之间的切换。

在草图轮廓绘制时，常常需要创建一些只作为参考用的元素，这些元素称为构造元素。构造元素与标准元素不同，它们不参与后期的实体建模，但两者的创建方法一样。当激活该按钮时，则生成构造元素；反之为标准元素。另外，选择已经生成的标准元素，再单击此按钮时可以将它转换为构造元素；反之也可以将构造元素转换为标准元素。

➤ "几何约束"：激活该按钮进行草图绘制时，将自动生成相关的几何约束。关于几何约束将在后面的章节中详细介绍。

➤ "尺寸约束"：激活该按钮后，绘制出的草图将自动添加尺寸约束，但是该约束是有条件的：只有在"数据文本"文本框中输入几何尺寸数据后，才会被自动添加进约束中。

➤ "数据文本"文本框 ：该文本框并不总是显示出来的，它是根据当前命令情况显示，主要用于输入当前使用命令的相关参数。单击键盘的〈Tab〉键可以实现输入框中各栏之间的切换。

4. 草图设计环境的设置

合理设置草绘绘图环境，可以帮助设计者更有效地使用草绘命令。在菜单栏中单击【工具】→【选项】菜单项，弹出【选项】对话框。该框中有一些专门针对草图工作台环境的设置。在对话框中左侧项目树中选择【机械设计】→【草图编辑器】命令，弹出如图 2-6 所示的【选项】对话框。

1）"网格"选项设置，用于设置草绘环境中的网格的显示、捕捉和间隔大小等。

➤ "显示"：设置显示或隐藏网格。

➤ "点捕捉"：设计网格节点的捕捉。

➤ "允许变形"：允许 "H" 向和 "V" 向的网格步长不相等。

➤ "原始间距"：用于设置网格的长度，默认为 100mm。

➤ "刻度"：又称为二级网格，将网格步长均分的数量，默认为 10 个刻度。

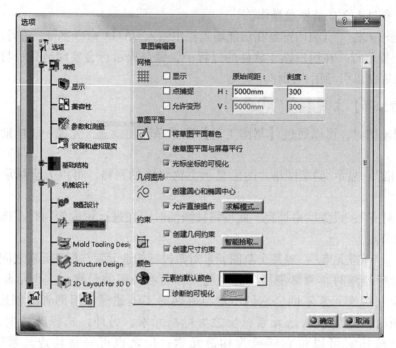

图 2-6 "草图编辑器"【选项】对话框

2)"草图平面"选项组，用于设置草绘基准面。

➤ "将草图平面着色"：对草图基准面做是否利用阴影显示的设置。

➤ "使草图平面与屏幕平行"：在每次进入草图工作台时，对是否将草图基准面调整到与屏幕平行的位置进行设置。

➤ "光标坐标的可视化"：设置在切换时是否显示光标的位置。

3)"几何图形"选项组，用于生成图形、移动图形的设置。

➤ "创建圆心和椭圆中心"：在绘制圆或椭圆时做是否同时生成圆心或中心的设置。

➤ "允许直接操作"：设置图形元素的拖动方式。单击右侧的【求解模式】按钮，在弹出的对话框中设置图形元素具体的拖动方式。

4)"约束"选项组，用来设置尺寸约束和几何约束。其中的"创建几何约束"和"创建尺寸约束"两个复选项，其功能和【草图工具】工具栏中的工具按钮一样，不再重复介绍。

单击其右侧的【智能拾取】按钮，可以在草图绘制时，针对方向和位置系统进行智能捕捉。

5)"颜色"选项组，可以对绘制的草图元素的显示颜色进行调整。"元素的默认颜色"为白色，"诊断的可视化"复选项，对草图元素是否完全约束或过约束，进行颜色的改变。

建议：用户不需要调整系统设置的颜色。

5. 草图设计工作台的退出

草图设计工作台的退出方法有两种，一种是在工具栏中单击【退出工作台】工具按钮，另一种是用左键双击特征树上的任何一个位置。这两种方法均可以退出当前草图，回到零件设计（或外形设计）工作台窗口。

2.1.3 草图设计的智能捕捉

在绘制草图过程中，根据草图元素前进的方向和位置，利用智能捕捉功能，可以帮助设计者在使用大多数草绘命令创建草图元素时，准确地选择一些特殊的点，诸如圆心、线段中点和最近端点等，快速、方便地完成草图绘制，降低为定位这些元素所必需的操作次数，提高绘制效率。智能捕捉功能可以通过以下四种方式来实现：

➢ 在图形窗口利用智能捕捉指针；

➢ 利用【草图工具】工具条中的"数据文本"文本框输入点的坐标或参数；

➢ 使用草绘命令，右键单击某一个图形元素后，将弹出如图 2 - 7 所示的快捷菜单；

➢ 利用键盘的〈Ctrl〉或〈Shift〉按键。

在草图绘制过程中，使用以上四种方式，可以智能捕捉一些特殊点，并将显示如坐标值、延长线等信息。

图 2 - 7　快捷菜单

➢ 捕捉网格节点。单击【草图工具】中的【点对齐】按钮，网格捕捉功能开启，光标将自动捕捉网格节点。

1. 输入点的坐标

当光标在设计环境中移动时，在【草图工具】的"数据文本"文本框中会显示与光标当前位置点相对应的坐标数值。通过〈Tab〉按键，在"数据文本"文本框中输入一个数值来定义所需的位置点，如在"H"向框中输入"20"，智能捕捉将锁定"H"数值，此时指针只能在 H = 20mm 的条件下移动，"V"值仍将随指针移动而改变。如果想重新输入"H"或"V"值，可用鼠标在空白处单击右键，在弹出的对话框中选择"重置"后，重新输入数值或光标才能自由移动。

2. 在 H 轴或 V 轴上选择位置

当光标位于 H 轴或 V 轴附近时，将产生 H 轴或 V 轴向外延伸的假想的浅蓝色虚线，此时指针左上角将出现重合标志，单击鼠标自动捕捉到该轴线。

3. 捕捉点

当光标指针移动到已经绘制的点上时，指针左上角将出现重合标志，单击鼠标自动捕捉该点。

4. 捕捉端点

当光标指针移动到已经绘制好的线段端点的附近位置时，指针左上角将出现重合标志，单击鼠标将自动捕捉到该端点。

捕捉线段端点的另外一种方法，即当指针移动到想要捕捉的线段（此时，该线段高亮显示）上时，单击右键，在弹出的快捷菜单中选择"最近端点"即可同样捕捉端点。

5. 捕捉线段中点

当指针移动到线段中点位置附近时，指针左上角将出现重合标志，单击鼠标即能捕捉并选择上该中点。也可以在线段高亮显示时单击右键，在弹出的快捷菜单中选择"中点"。

6. 捕捉圆心

当光标移动到圆心位置附近时，指针左上角将出现重合标志，单击鼠标即能捕捉并选择上该圆心。也可以在圆周高亮显示时单击右键，在弹出的快捷菜单中选择"圆心"。

对于椭圆圆心的捕捉也是如此。

7. 捕捉线段上的点

将光标移动到线段或线段的假想延长线上时，指针左上角将出现重合标志，单击鼠标即能捕捉并选择线上的点。

8. 捕捉相交点

将光标移动到直线或曲线的（假想的延长线）相交位置时，指针左上角将出现重合标志，单击鼠标即能捕捉并选择相交点。

9. 虚拟垂线

如图 2 - 8 所示，当光标通过已知直线（高亮显示）端点的假想垂直线时，该虚拟垂线就以浅蓝色虚线显示出来，单击鼠标即能捕捉并选择该线上的任意点。

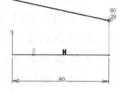

图 2 - 8　虚拟垂线

10. 位置关系的捕捉

如图 2 - 9 所示，使用智能捕捉，还可根据已创建元素（图中高亮显示）的特征，自动寻找即将创建的元素与已经创建的元素之间可能会产生的位置关系，如相切、平行、垂直和重合等，单击鼠标加以捕捉。

由于智能捕捉会产生多种可能的捕捉方式，因此设计者可以在已创建元素被选择并高亮显示时，单击鼠标右键，在弹出的快捷菜单中进行合适的选择。弹出的菜单将随着被选择的元素不同而出现不同菜单选项。或按住〈Ctrl〉键对所捕捉方式予以固定，也可按住〈Shift〉键放弃任何捕捉方式。

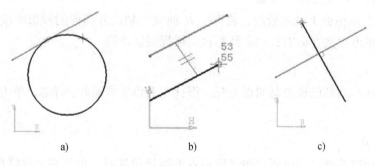

a)　　　　　　　　　b)　　　　　　　　　c)

图 2 - 9　位置关系的捕捉

2.2　草图绘制

要绘制草图，应首先从草图设计工作台中的工具栏区域中，或通过下拉菜单【插入】→【轮廓】，选择一个绘图命令，然后在图形显示区域选取点，开始草图创建。

在草图工作台中，有一系列用于创建草图的二维轮廓命令，如点、线、矩形、圆和样条曲线等图形命令，便于用户快捷绘制各种图形。

在草图绘制过程中，利用草图工作台快捷绘制完成大概的草图元素后，还要对这些图形元素进行修饰、修改或加以尺寸和几何的约束。

本节主要介绍草图的各种绘图命令，至于草图元素的修饰与修改等编辑操作，草图元素的尺寸与几何关系的约束操作等，将在后续内容中加以介绍。

如图 2-10 所示，草图绘制的【轮廓】工具条汇集了【轮廓线】、【矩形】、【圆】、【样条线】、【椭圆】、【直线】、【轴】和【点】等绘图命令按钮，用户可以方便地使用这些命令绘制出二维轮廓曲线。

图 2-10   草图绘制的【轮廓】工具条

2.2.1   轮廓线

【轮廓线】命令，可以绘制由直线和圆弧等线段组成的连续折线条，图形可以是封闭的图形，也可不封闭。单击【轮廓】命令按钮，此时图形显示区下面的【草图工具】工具条将发生变化，如图 2-11 所示。其中有 3 个不同的按钮，用于在"直线"、"相切弧"和"三点弧"之间切换，系统默认按钮为"直线"（高亮显示）。

随着草图命令选择的不同，【草图工具】工具条的内容会有所变化，请读者注意。

图 2-11   【草图工具】工具条

其操作步骤为：

1）进入草图工作平面，单击绘制轮廓线的命令按钮。

2）使用光标选择第一个点，或利用〈Tab〉键在【草图工具】工具条内输入第一个点的绝对坐标值（"H"值和"V"值），其中"H"是与坐标原点的水平距离（即水平坐标值），"V"是与坐标原点的垂直距离（即垂直坐标值）。

3）确定第二个点的位置，有三种方式：第一种是继续在【草图工具】工具条内输入第二个点的绝对坐标（"H"值和"V"值）；第二种是在【草图工具】工具条内输入线段的"L"和"A"值，其中"L"是两点之间的距离，"A"是即将绘制的线段与水平轴正向的夹角；第三种是利用智能捕捉功能，在图形区域中捕捉已经绘制元素的点。

4）要绘制与已经绘制元素相切的圆弧，可单击【草图工具】工具条中的【相切弧】按钮，也可在绘制圆弧的起点拖动鼠标，系统将自动切换到"相切弧"模式。最后，在【草图工具】工具条内输入圆弧的另一个端点的坐标或半径值，完成相切圆弧的绘制。

5）绘制一般的"三点弧"。单击【草图工具】工具条中的【三点弧】按钮，依次输入圆弧的第二点、第三点的坐标，完成一般圆弧的绘制。

一旦所绘制的连续折线形成了封闭图形，将自动结束轮廓线的绘制状态。如果在绘制的连续折线没有封闭时要退出轮廓线的绘制状态，方法有三种：一是单击【轮廓线】命令按钮；二是可以在连续折线的最后一点双击左键；三是双击键盘上的〈Esc〉键，均可完成连续折线的绘制。

建议用户采用第三种方法。绘制图形时，培养左、右手配合操作的习惯，可以提高建模速度。

2.2.2 预定义的轮廓

单击【轮廓】工具条中的【矩形】命令按钮□旁的下三角按钮，可以展开如图 2-12 所示的【预定义的轮廓】命令条。该命令条提供了预先定义好的【矩形】、【斜置矩形】、【平行四边形】、【延长孔】、【圆柱形延长孔】、【钥匙孔轮廓】、【正六边形】、【居中矩形】、【居中平行四边形】9 个轮廓命令按钮，便于用户快速完成草图的绘制。下面将依次介绍各个命令的操作。

图 2-12 【预定义的轮廓】命令条

1.【矩形】命令

该命令可以绘制一个其边与 H 轴和 V 轴平行的矩形，如图 2-13 所示。其操作步骤为：

1）进入草图绘制平面后，单击【矩形】命令按钮□。

2）用鼠标左键单击两点作为矩形的两个对角点，完成矩形绘制；或在【草图工具】的文本框中输入第一点和第二点的坐标值，完成矩形绘制；或在确定第一个点后，在【草图工具】的文本框中输入矩形的"宽度"和"高度"值，完成矩形绘制。

在【草图工具】的【几何约束】命令按钮被激活情况下，矩形轮廓绘制完成后，系统自动生成矩形各边的"H"向和"V"向的约束。

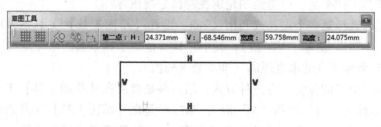

图 2-13 【矩形】命令

2.【斜置矩形】命令

该命令通过确定矩形的三个角点，可以绘制一个边与 H 轴成任意角度的矩形，如图 2-14所示。其操作步骤为：

1）进入草图绘制平面后，单击【斜置矩形】命令按钮◇。

2）用鼠标左键在图形区域内单击三个点作为矩形的三个角点，完成斜置矩形绘制；或在【草图工具】的文本框中通过输入坐标值、高度值或角度值等方式，确定三个角点位置，完成斜置矩形绘制。

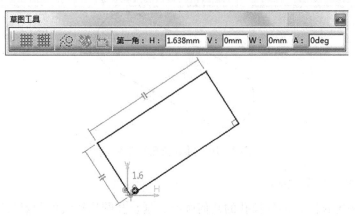

图 2 - 14　【斜置矩形】命令

3. 【平行四边形】命令

该命令可以绘制一个任意形状的平行四边形，如图 2 - 15 所示。其操作步骤为：

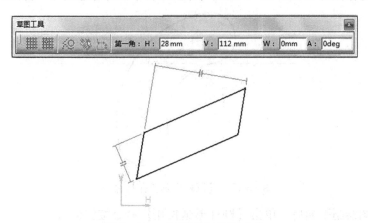

图 2 - 15　【平行四边形】命令

1）进入草图绘制平面后，单击【平行四边形】命令按钮□。

2）用鼠标左键在图形区域内单击三个点作为平行四边形的三个角点，完成绘制；或在【草图工具】的文本框中通过输入坐标值、边长值、高度值或角度值等方式，确定三个角点位置，完成平行四边形的绘制。

4. 【延长孔】命令

该命令通过确定长孔的中心轴线以及孔上的一点，绘制延长孔，如图 2 - 16 所示。其操作步骤：

1）进入草图绘制平面后，单击【延长孔】命令按钮▭。

2）用鼠标左键在图形区域内单击中心轴线的两个端点和孔上一点，完成绘制；或在【草图工具】的文本框中通过输入两个中心点的坐标值、中心轴线的长度值或中心轴线与 H

轴的夹角值，孔的半径值或孔上点的坐标值等方式完成绘制。

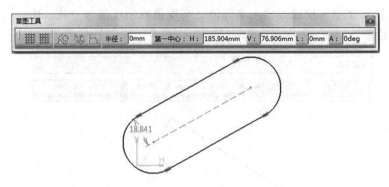

图 2 - 16　【延长孔】命令

5.【圆柱形延长孔】命令

该命令通过确定长圆柱形延长孔的几何圆心、延长孔圆形轴线的起点与终点、孔上一点或孔的半径，绘制一个圆柱形的长孔，如图 2 - 17 所示。其操作步骤为：

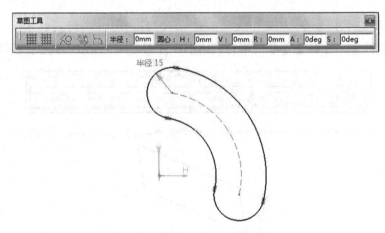

图 2 - 17　【圆柱形延长孔】命令

1）进入草图绘制平面后，单击【圆柱形延长孔】命令按钮。

2）利用光标确定一点，或在【草图工具】的文本框中通过输入点的坐标值，作为几何圆心的点。

3）利用光标确定延长孔圆形轴线的起点，或在【草图工具】的文本框中通过输入起点的坐标值，或输入圆弧的半径值以及起点到几何圆心连线与 V 轴的角度来确定起点。

4）利用光标确定延长孔圆形轴线的终点，或在【草图工具】的文本框中通过输入终点的坐标值，或输入圆心角的角度值来确定终点。

5）利用光标确定延长孔上的任意一点，或在【草图工具】的文本框中通过输入孔上点的坐标值，或输入端部圆角的半径值来确定孔上的点。完成绘制。

6.【钥匙孔轮廓】命令

该命令通过确定中心轴线以及两端圆弧半径绘制钥匙孔轮廓，如图 2 - 18 所示。其操作步骤为：

1）进入草图绘制平面后，单击【钥匙孔轮廓】命令按钮🔒。

2）利用光标确定一点，或在【草图工具】的文本框中通过输入点的坐标值，作为第一个圆弧（大圆弧）的中心点。

3）利用光标确定另一点，或在【草图工具】的文本框中通过输入点的坐标值，或以输入中心轴线的长度与角度方式，确定第二个圆弧（小圆弧）的中心点。

4）利用光标确定，或在【草图工具】的文本框中通过输入小圆弧上点的坐标值，确定第二个小圆弧。

5）利用光标确定，或在【草图工具】的文本框中通过输入大圆弧上点的坐标值，确定第一个大圆弧。完成绘制。

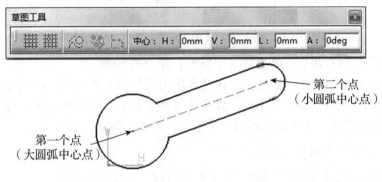

图 2 - 18　【钥匙孔轮廓】命令

7.【正六边形】命令

该命令通过确定正六边形中心点及其边上的中点，绘制正六边形，如图 2 - 19 所示。其操作步骤为：

1）进入草图绘制平面后，单击【正六边形】命令按钮⬡。

2）利用光标先确定正六边形的中心点（或在【草图工具】文本框中输入中心点的坐标），再确定正六边形一个边的中点位置（或在【草图工具】的文本框中输入正六边形一个边的中点的坐标值，或输入正六边形内切圆的半径值及半径线段的倾斜角度值），完成绘制。

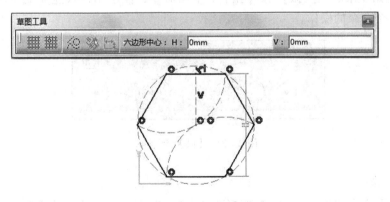

图 2 - 19　【正六边形】命令

8.【居中矩形】命令

该命令以矩形的中心点定位的方式绘制一个矩形，如图 2-20 所示。其操作步骤为：

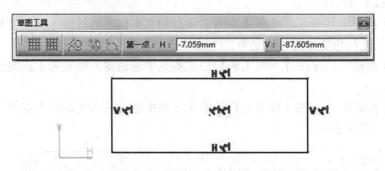

图 2-20 【居中矩形】命令

1）进入草图绘制平面后，单击【居中矩形】命令按钮▣。

2）利用光标确定矩形的中心点，或在【草图工具】的文本框中输入中点的坐标值。

3）利用光标确定矩形的一个角点，或在【草图工具】的文本框中输入角点的坐标、或输入矩形的长度及宽度，来确定矩形的一个角点，完成绘制。

9.【居中平行四边形】命令

该命令以中心点定位的方式绘制一个平行四边形，其操作步骤为：

1）进入草图绘制平面后，单击【居中平行四边形】命令按钮▱。

2）利用光标确定平行四边形的中心点，或在【草图工具】的文本框中输入中点的坐标值。

3）利用光标确定矩形的一个角点，或在【草图工具】的文本框中输入矩形的长度及宽度来确定矩形的一个角点，完成绘制。

2.2.3　圆

单击【轮廓】工具条中【圆】命令按钮⊙旁的下三角按钮，可以展开如图 2-21 所示的【圆】命令条。该命令条提供了【圆】、【三点圆】、【使用坐标创建圆】、【三相切圆】、【三点圆弧】、【起始受限的三点弧】和【弧】7 个圆命令，便于用户快速完成草图的绘制。下面依次介绍各个命令的操作。

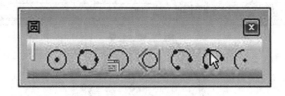

图 2-21 【圆】命令条

1.【圆】命令

通过确定圆心点和半径方式绘制圆形，如图 2-22 所示。其操作步骤为：

1）进入草图绘制平面后，单击【圆】命令按钮⊙。

2）利用光标确定圆的圆心点，或在【草图工具】的文本框中输入圆心点的坐标值。

3）利用光标确定圆周上的任意一点，或在【草图工具】的文本框中输入圆的半径值，完成绘制。

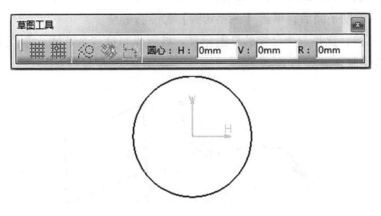

图 2 - 22 【圆】命令

2. 【三点圆】命令

通过光标确定圆周上的三个点的位置，或在【草图工具】的文本框中依次输入三个点的坐标值，完成圆形轮廓的绘制。

3. 【使用坐标创建圆】命令

通过定义圆心的坐标和圆的半径来创建圆，如图 2 - 23 所示。其操作步骤为：

1）进入草图绘制平面后，单击【使用坐标创建圆】命令按钮 。

2）在弹出的【圆定义】对话框中，通过直角坐标方式输入圆的圆心坐标值和半径值（或通过极坐标方式输入圆心点的极坐标值和半径值）后，单击【确定】按钮，完成绘制。

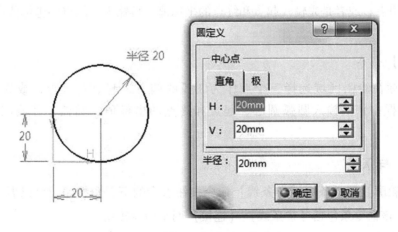

图 2 - 23 【使用坐标创建圆】命令

4.【三相切圆】命令

绘制一个与三个已知草图元素相切的圆，这些元素可以是圆、曲线和点，也可以是矩形、线段、轴线或它们的延长线等，如图 2-24 所示。其操作步骤为：

1）进入草图绘制平面后，单击【三相切圆】命令按钮◎。

2）在图形窗口，选择三个已知的草图元素，将形成与这三个草图元素或者其延长线相切的圆形，完成绘制。

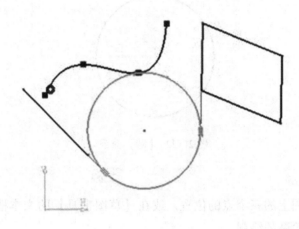

图 2-24 【三相切圆】命令

5.【三点圆弧】命令

使用光标在绘图区域选择三个点作为圆弧弧长上的起点、中间点和终点，或者在【草图工具】的文本框中依次输入圆弧通过的三个点的坐标值来绘制圆弧。

6.【起始受限的三点弧】命令

与上述【三点圆弧】命令的区别，【起始受限的三点弧】命令，是先选择起点，终点，最后选择中间点；或者是先输入起点和终点的坐标值，再输入中间点的坐标值或输入圆弧的半径值。

7.【弧】命令

使用光标在绘图区域选择三个点作为圆弧的圆心、起点和终点，或者在【草图工具】的文本框中依次输入圆弧圆心、起点和终点的坐标值，圆弧半径或圆弧的弧度来绘制圆弧。

2.2.4 样条线

单击【轮廓】工具条中【样条线】命令按钮 旁的下三角按钮，可以展开【样条线】命令条 ，该命令条包括【样条线】、【连接】两个命令按钮。

1.【样条线】命令

利用光标在图形窗口选择一系列点作为样条线的控制点，或者是在【草图工具】的文本框中输入各个控制点的坐标值，系统将拟合生成通过这些点的近似曲线，如图 2-25 所示。在确定最后一个控制点后，双击该点或者按〈Esc〉键，完成样条线的绘制，退出该命令。

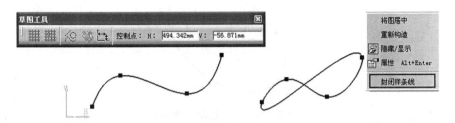

图 2-25 【样条线】命令

在样条曲线绘制过程中，随时右击鼠标弹出快捷菜单，可以选择"封闭样条线"选项，系统将生成首尾相连的、封闭的样条曲线，并退出该命令。

当需要修改已经绘制好的样条线时，双击需要调整的控制点，将弹出【控制点定义】对话框。在该对话框中可以修改该点的坐标值，并可以通过选择"相切"复选项修改样条线相切的方向。同时，也可以选择"曲率半径"复选框并在微调框中调整样条线的曲率半径值。如图 2-26 所示。

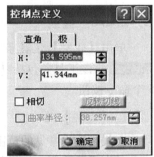

图 2-26 【控制点定义】对话框

2.【连接】命令

单击该命令，可以分别利用圆弧线连接、样条线连接、点连接、相切连接、曲率连接等方式，连接两条已知的和间断的曲线，如图 2-27 所示。

各种连接方式，依据光标选择已知曲线的具体位置的不同，连接线形状也将有所不同，请读者在练习时加以体验。

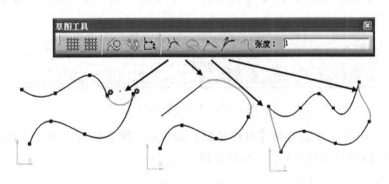

图 2-27 【连接】命令

2.2.5 椭圆

利用光标在绘图区域内选择椭圆的中心点、一个轴的端点以及椭圆圆周上一点来绘制椭圆，或者在【草图工具】的文本框中输入椭圆中心点的坐标值、长短轴的半径值或长轴与 H 轴的夹角等方式，来绘制椭圆，如图 2-28 所示。

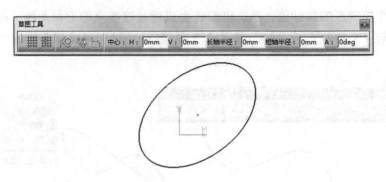

图 2 - 28　输入法绘制椭圆

2.2.6　直线

单击【轮廓】工具条中【直线】命令按钮 ✓ 旁的下三角按钮，可以展开【直线】工具条 ✓ ✓ ✓ ✓ ✓ ，该工具条包括【直线】、【无限长线】、【双切线】、【角平分线】和【曲线的法线】5 个命令按钮。

1.【直线】命令

直线是最为常见的草图元素。与轮廓曲线可以连续绘制相比，【直线】命令只能一条直线一条直线地绘制。如果想连续绘制不连续的直线，可以双击该命令按钮，执行重复操作。

注意：双击命令按钮的操作方法，对于重复执行诸多命令均有效。

其操作步骤为：

1）在【直线】工具条中单击【直线】命令按钮 ✓，开始绘制直线。

2）利用光标在图形窗口单击选择直线的起点，或者在【草图工具】的文本框中输入起点的坐标值。

3）利用光标在图形窗口单击选择直线的终点，或者在【草图工具】的文本框中输入终点的坐标值，或者输入直线的长度及其与正向 H 轴的夹角，完成直线绘制，如图 2 - 29 所示。

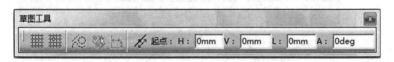

图 2 - 29　【直线】命令

4）在图 2 - 29 中，如果选择【对称延长】按钮 ✓，则先确定直线中点或输入其坐标，再移动光标，将以向两侧延伸的方式生成直线。

注意：本命令所叙述的直线，就是几何学中的线段。

2.【无限长线】命令

在【直线】工具条中单击【无限长线】命令按钮 ✓ 后，在【草图工具】工具栏上会依次出现【水平线】、【竖直线】和【过两点的直线】三个按钮，分别可以确定一个点来绘制水平的和竖直的无限长线，或者是过两个点绘制倾斜的无限长线。如图 2 - 30 所示。

图 2 - 30 【无限长线】命令

3. 【双切线】命令

在【直线】工具条中单击【双切线】按钮✍后，在绘图区域中依次单击两个已知的圆、圆弧、椭圆或样条线，即可完成切线的绘制。根据鼠标单击圆或圆弧的位置的不同，将会产生内切线或外切线。如图 2 - 31 所示。

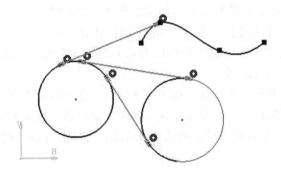

图 2 - 31 【双切线】命令

4. 【角平分线】命令

在【直线】工具条中单击【角平分线】按钮✍后，在绘图区域内依次选择两条相交或不相交的直线，生成的角平分线（该线为无限延长线），如图 2 - 32 所示，同时系统自动生成几何约束关系。

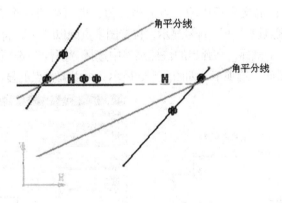

图 2 - 32 【角平分线】命令

5. 【曲线的法线】命令

在【直线】工具条中单击【曲线的法线】按钮✍后，在绘图区域内先单击选择法线的起点，再通过光标在已知的直线、圆、椭圆、圆锥曲线或样条线上单击选择，完成该线的法线绘制。如图 2 - 33 所示。

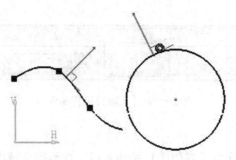

图 2-33 【曲线的法线】命令

2.2.7 轴

轴为一种特殊的直线，不能作为草图轮廓去创建实体或曲面，只能作为草图修饰或旋转体的参考中心线。单击【轮廓】工具条中的【轴】按钮 后，可以在绘图区域选择两点，或者在【草图工具】的文本框中输入轴线的起点和终点坐标值，或输入起点坐标值和轴线的长度与角度，完成轴线的绘制。

在一个草图中，只能有一条轴线。如果再次绘制一条轴线，则第一次绘制的轴线将自动转换为构造线（在图形区域中，轴线显示为点画线，而构造线显示为虚线）。

绘制好的直线转变为轴线的方法：先选择该直线，再单击【轴】按钮 ，即可实现转变。

2.2.8 点

单击【轮廓】工具条中的【点】命令按钮 旁的下三角按钮，展开【点】工具条 ，该工具条包括【通过单击创建点】、【坐标点】、【等距点】、【相交点】和【投影点】5 个命令按钮。

1.【通过单击创建点】命令

单击【点】工具条中的【通过单击创建点】命令按钮 ，可以在绘图区域中选择一点单击，或在【草图工具】的文本框中输入点的坐标值，即可生成一个点。

系统默认的标准图素点以"+"符号显示，构造图素点则以"·"符号显示，如图 2-34 所示。在已经绘制的点上右击鼠标，在弹出的快捷菜单中选择"属性"选项，将弹出点的【属性】对话框。打开其中的"图形"选项卡，如图 2-35 所示，可以调整点的显示方式和显示颜色等。

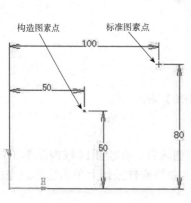

图 2-34 点符号显示

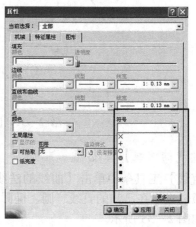

图 2-35 "图形"选项卡

2. 【坐标点】命令

通过输入点的直角坐标值或极坐标值确定一个点。

单击【点】工具条中的【坐标点】命令按钮，系统将弹出【点定义】对话框，如图 2-36 所示。打开该对话框的"直角"坐标或"极"坐标选项卡，输入点的直角坐标值或点的半径值长度与角度值，完成点的绘制。

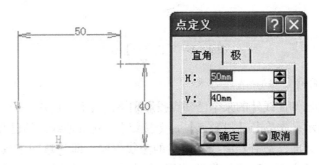

图 2-36　【坐标点】命令

3. 【等距点】命令

利用【等距点】命令可以在已知的曲线上，绘制一系列距离相等的点。这里提及的曲线，可以是直线、圆、圆弧、圆锥曲线和样条线等。

单击【点】工具条中的【等距点】命令按钮，选择已知的曲线，如图 2-37 所示。在弹出的【等距点定义】对话框中，输入"新点"的数量后单击【确定】按钮，将在曲线上显示出各个等分点。

如果不单击【确定】按钮，而单击曲线的一个端点，【等距点定义】对话框中的"参数"下拉列表框将被展开，其中包括"点和长度""点和间距"和"间距和长度"3 个选项，如图 2-38 所示。

➤ "间距"：点和点之间的距离。

➤ "长度"：被均分的曲线总长。曲线的总长可以设定，可以比参考曲线长。如果曲线的延长趋势是已知的，那么可以建立伸长部分的点，否则伸长部分的点将被忽略掉。

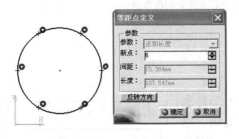

图 2-37　【等距点】命令

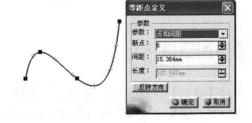

图 2-38　【等距点定义】对话框

4. 【相交点】命令

利用【相交点】命令按钮，可以在绘图区域内选择两个已知的、相交的图形元素，在该相交处生成一个独立的点，如图 2-39 所示。这些图形元素，可以是直线、圆、圆弧、圆锥曲线和样条线等。这些图形元素可以实际相交，也可以是它们的延长线相交。

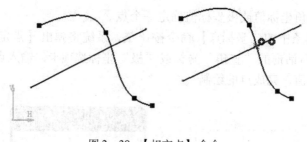

图 2-39 【相交点】命令

5. 【投影点】命令

该命令可用于将已知曲线外的某个已知点投影到该曲线上，创建一个新的、独立于该曲线的点。如图 2-40 所示，先单击【投影点】命令按钮，选择曲线外的已知点，再选择已知曲线。系统默认的投影方向，是沿着曲线在该点的法线方向，即【草图工具】工具条中的【正交方向】按钮所示的方向。已知的曲线，可以是直线、圆、圆弧、椭圆和样条线等。

如果改变投影方向为"沿某一方向"，则单击【草图工具】工具条中的【沿某一方向】按钮，选择已知点后再移动光标，将会出现一个指定方向的虚拟线。按照该方向单击该虚拟线，将生成新的投影方向的虚拟线，此时再单击曲线，将按照该方向在曲线上生成独立的投影点，如图 2-41 所示。

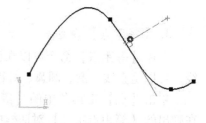

图 2-40 【投影点】命令

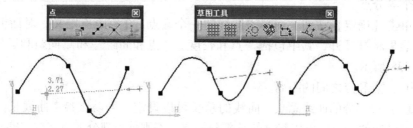

图 2-41 沿某一方向在曲线上生成独立的投影点

2.3 草图编辑

通过【轮廓】工具条中的各命令，可以完成图形轮廓的基本绘制。但是，这些轮廓并没有经过相应的编辑。根据需要，针对这些轮廓可进行圆角、倒角、裁剪、复制、镜像和投影等相关操作。经过编辑后，即可获得更加精确的轮廓。草图编辑的命令集中在【操作】工具条中，如图 2-42 所示，它依次包含【圆角】、【倒角】、【修剪】、【镜像】和【投影3D元素】等命令按钮。

图 2-42 【操作】工具条

2.3.1　圆角

单击【操作】工具条中的【圆角】命令按钮 ⌐ , 对于两个已知的、实际相交的草图元素, 在绘图区域内选择这两个元素, 或者仅选择二者的交点; 对于两个已知的、延长线相交的草图元素, 在绘图区域内选择这两个元素, 然后, 在【草图工具】工具条中利用〈Tab〉键切换到其文本框中, 输入圆角的半径值, 即可完成倒圆角的编辑, 如图 2-43 所示。

在【草图工具】工具条中, 对被倒圆角的草图元素有 6 种修剪方法, 如图 2-43 所示。

➤ ⌐ "修剪所有元素": 表示倒圆角后, 两条边多余长度都将被修剪。
➤ ⌐ "修剪第一元素": 表示倒圆角后, 选择的第一条边的多余长度被修剪掉, 第二条边完全被保留。

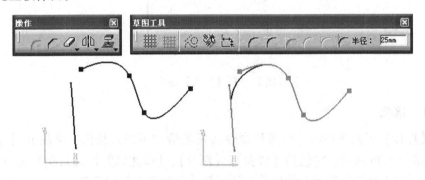

图 2-43　【圆角】命令

➤ ⌐ "不修剪": 表示倒圆角后, 选择的两条边均不被修剪。图 2-43 所示的倒圆角正是此方法。
➤ ⌐ "标准线修剪": 表示倒圆角后, 两条边在交叉点以外的长度部分被修剪, 交叉点以内的长度部分被保留。如果两条边没有交点, 将会自动延伸到交点, 如图 2-44 所示。

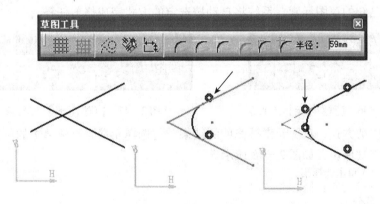

图 2-44　标准线修剪

➤ ⌐ "构造线修剪": 表示倒圆角后, 边被修剪后的部分转变为构造线, 如图 2-44 所示。
➤ ⌐ "构造线未修剪": 表示倒圆角后不修剪边, 但是被选择的边将转换为构造线。

如果要编辑多个半径值相等的圆角, 可以先选择所有需要倒圆角的草图元素, 然后单击【圆角】命令, 在【草图工具】中选择合适的修剪方式, 利用〈Tab〉键在文本框中输入具体的半径数值后, 可以同时生成多个倒圆角的图形。

2.3.2 倒角

单击【操作】工具条中的【倒角】命令按钮，用于在两个已知的、相交（或延长线相交）的草图轮廓中完成倒角的编辑。【倒角】命令的操作顺序与【圆角】命令的操作基本一致，对被倒角的草图元素有9种修剪方法，比【圆角】命令多了三种修剪方式，依次是"角度和斜边""第一长度和第二长度""角度和第一长度"等，如图2-45所示。

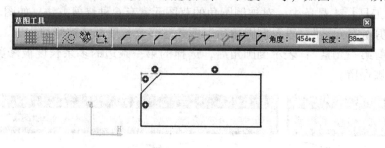

图2-45 【倒角】命令

2.3.3 修剪

单击【操作】工具条中的【修剪】命令按钮旁的下三角按钮，将展开【重新限定】工具条，如图2-46所示，它包括【修剪】、【断开】、【快速修剪】、【封闭】和【补充】等命令按钮，用于对已知草图元素的修剪、补形等【重新限定】的编辑。

1. 【修剪】命令

该命令可以完成对两个草图元素进行修剪、延长的编辑。

单击【重新限定】工具条中的【修剪】命令按钮，【草图工具】工具条如图2-47所示。选择"修剪所有元素"或"修剪第一元素"等不同的修剪方式，再在绘图区域内，依次选择两个已知的草图元素，系统将自动按选定的方式完成修剪任务。

图2-46 【重新限定】工具条

图2-47 【草图工具】工具条

无论何种修剪方式，草图元素被修剪的结果，与选择元素时鼠标单击的位置有关系，鼠标单击的部分将被保留，如图2-48所示。

1）单击选择第一个元素上半部分

2）单击选择第二个元素右半部分

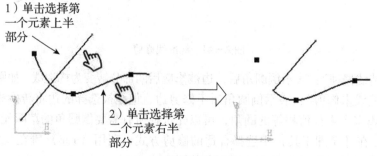

图2-48 【修剪】命令

另外,【修剪】命令同样具有对已知的草图元素进行延长的功能。但此功能只适用于直线、圆弧、圆锥曲线等曲线元素,而且这些曲线之间必须存在着交点或虚拟交点。

具体操作:单击【修剪】命令按钮✕后,鼠标单击待延长的草图元素,移动光标后草图元素自动延长的虚拟线将动态、高亮显示。在不同的修剪方式下,鼠标选择延长线终止的界限元素时,将获得不同的延长结果,如图 2-49 所示。

图 2-49　不同的修剪方式

2.【断开】命令

用于将已知的草图轮廓图素截断为两个部分。单击【断开】命令按钮✕,将光标移动到待打断的图素上并单击之,实现断开功能。图 2-50 所示是将原本一个整体的椭圆线完成断开操作后,再拖动其中一段椭圆线后的效果。

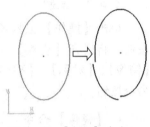

图 2-50　【断开】命令

3.【快速修剪】命令

该命令✐可以利用鼠标单击待修剪的曲线元素,根据擦除方式的不同,快速完成对多个曲线的修剪的编辑,如图 2-51 所示。

➢ 🔲:曲线被单击的部分将被修剪擦除掉。
➢ 🔲:曲线被单击的部分将被保留,其余部分被擦除掉。
➢ 🔲:只将曲线在交点处打断。图 2-51 所示为圆周在椭圆的两个中心点处被截断。

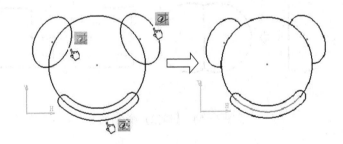

图 2-51　【快速修剪】命令

由于【快速修剪】命令的快捷方便,建议读者熟练掌握该命令的使用。

4.【封闭弧】命令

单击【封闭弧】命令按钮🗘,选择不封闭的圆弧或椭圆弧,即可完成弧线的封闭,如

图 2-52a 所示。

5.【补充】命令

单击【补充】命令按钮，选择不封闭的圆弧或椭圆弧，可以转换为与其互补的部分，如图 2-52b 所示。

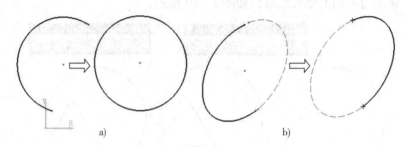

a)

b)

图 2-52 【封闭弧】命令与【补充】命令

2.3.4 变换

单击【操作】工具条中的【镜像】命令按钮旁的下三角按钮，将展开【变换】工具条，如图 2-53 所示，它依次包括【镜像】、【对称】、【平移】、【旋转】、【缩放】和【偏移】6 个命令按钮。

图 2-53 【变换】工具条

1.【镜像】命令

用于复制出与已知图形元素关于某直线、虚线或对称轴对称的图形。如图 2-54 所示，先单击【镜像】命令按钮，选择需要镜像复制的图形元素，再选择对称操作所依据的直线或对称轴（当对称依据的轴是直线或虚线时，该直线可以是图形元素的本身）。

如果同时需要镜像复制多个图形元素，必须先按住〈Ctrl〉键多次选择图元，或者使用光标框选，然后再单击【镜像】按钮，最后选择对称的轴线完成操作。这与单个图元的镜像复制的操作次序有所不同。

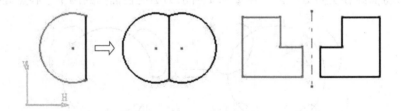

图 2-54 【镜像】命令

2.【对称】命令

该命令用于在草图轮廓的绘制过程中，对现有的图形元素按指定轴进行对称移动。

【对称】命令与【镜像】命令不同之处是：【镜像】命令是"照镜子"，是对称复制出一个新的图元，原草图元素仍然保留。【对称】命令仅是将图形元素关于对称轴的搬迁移动。其他操作方法与【镜像】命令一致。

3.【平移】命令

该命令用于在草图轮廓绘制过程中，对现有图元进行一定方式的移动。单击【平移】命令按钮➡，系统将弹出【平移定义】对话框，如图 2-55 所示。对话框中，"实例"是指需要复制生成图元的数量；选中"复制模式"复选框即为复制移动，取消选择"复制模式"即为搬迁式移动；"长度"是指平移的起点与终点的间距。

利用光标或按住〈Ctrl〉键（多选）选择需要移动的图元，再依次选择平移的起点和终点，或者在对话框中的"值"文本框中输入要平移的距离，并用光标确定平移的角度，完成平移操作。

图 2-55　【平移定义】对话框

4.【旋转】命令

该命令可以将已知的图形元素，围绕中心点按照一定的角度旋转。单击【旋转】命令按钮🔄，系统将弹出【旋转定义】对话框，如图 2-56 所示。对话框中，"实例"是指需要复制生成图元的数量；选中"复制模式"复选框即为移动旋转，取消选择"复制模式"即为搬迁式旋转；"角度"是指两个图元之间的旋转角度，正值为逆时针旋转，负值为顺时针旋转。

图 2-56　【旋转定义】对话框

5.【缩放】命令

该命令可以将草图元素等比例进行放大或缩小。单击【缩放】命令按钮🔍，系统将弹出【缩放定义】对话框，如图 2-57 所示。利用光标或按住〈Ctrl〉键可多选待缩放的图元，再选择缩放的中心点，并在对话框中输入缩放比例，完成图元的缩放。对话框中，"缩放"选项组的"值"文本框，用来输入缩放的比例，精确定义缩放图形，>1是放大，<1是缩小。其他选项和【旋转定义】对话框中的含义相同。

6.【偏移】命令

该命令可以将草图元素，按照法线方向以等距偏置的方式复制。单击【偏移】命令按钮◈，【草图工具】工具条中的【偏移】命令按钮，如图 2-58 所示。

图 2-57　【缩放定义】对话框

图 2-58　【偏移】命令

2.3.5　3D 几何图形

单击【操作】工具条中的【投影 3D 元素】命令按钮🔩旁的下三角按钮，即可展开【3D 几何图形】工具栏，它包括【投影 3D 元素】、【与 3D 元素相交】和【投影 3D 轮廓边线】三个命令，如图 2-59 所示。

通过投影或相交所得到的草图（默认为黄色显示，表示为不可编辑）与原三维对象之间保持着链接关系，即如果三维对象改变则该草图也将随之更新，但是在切断这个链接前该草图是不能被独立修改的。

图 2-59　【3D 几何图形】工具栏

1. 【投影 3D 元素】命令

该命令就是将不在某一个草图平面内的三维实体的棱边或面，向该草图平面作正投影，并在其上得到棱边的投影线、面的边界投影线的过程。该命令对于需要按照装配关系来设计零件时，非常实用。

如图 2-60 所示的钥匙与钥匙孔的两个配合零件，钥匙孔的草图轮廓就是用钥匙的端面正投影得到的。运用【投影 3D 元素】命令，当钥匙的截面尺寸发生变化时，钥匙孔的尺寸也将随之更新。

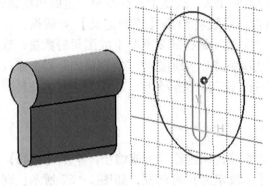

图 2-60　钥匙与钥匙孔的两个配合零件

图 2-60 中得到的投影线是不能被独立修改的。如果需要独立修改，必须解除这种链接关系。可以右击该投影线，在弹出的如图 2-61 所示的快捷菜单中选择【标记.1 对象】→【隔离】命令即可。

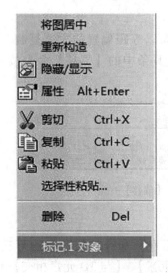

图 2-61　【隔离】命令演示

2.【与 3D 元素相交】命令

利用该命令，可以得到已知的三维实体与某一个草图平面之间的相交线（默认为黄色显示）。该相交线与三维实体之间保持着链接关系，可以按前面所述的方法解除链接。

如图 2-62 所示，选择三维实体的内外表面，再单击【与 3D 元素相交】命令按钮，即可获得与草图平面相交所得的曲线，该相交曲线与实体的被选择面之间保持链接关系。

3.【投影 3D 轮廓边线】命令

如图 2-63 所示，利用该命令，可以将三维实体的外轮廓（主要是旋转体），正投影到草图平面上生成草图，该草图与三维实体轮廓保持链接关系。需要注意的是，在目前的版本中，只能对轴线平行于草图平面的规则的曲面进行 3D 轮廓边线的投影。

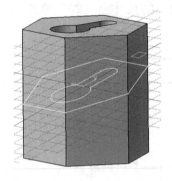 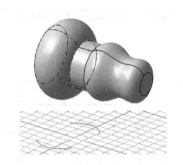

图 2-62　【与 3D 元素相交】命令　　　图 2-63　【投影 3D 轮廓边线】命令演示

2.4　草图元素的约束

一个草图如果没有约束，那它在草图平面内就是自由、多变的，可以用鼠标选择其拖动的方式改变其形状、大小和方位。如果对该草图施加了约束，那么它的形状、尺寸和方位就会被确定，同时草图中各元素之间的关系就会更加明确，便于编辑修改。

所谓的草图元素的约束，就是对草图中各元素进行限制或约束，限制它们的尺寸、方向或位置，使图形唯一、固定。当图中元素建立起相应的约束后，将在图形中显示出相应的约束符号。控制尺寸约束的数值或几何约束符号的显示或关闭，是在【可视化】工具栏中分别单击【几何图形约束】按钮和来实现的。CATIA 常用的约束符号见表 2-1。

表 2-1　常用约束符号

约束类型	约束符号	约束类型	约束符号
垂直	⌐	固定	⚓
相合	◎	同心	◎
竖直	V	相切	=
水平	H	平行	∥

2.4.1 约束基础

1. 二维草图的约束

草图中的约束分为尺寸约束和几何约束两种类型。

1）尺寸约束。用来限制草图元素的长度、距离、半径和角度等几何尺寸，确定草图元素的大小。

2）几何约束。用来限制草图的方向和位置等几何关系的约束，如草图元素之间的重合、同心、相切、垂直、平行、水平和竖直关系等。

用户在绘制草图时，先将草图的大致轮廓绘制出来，然后再精确地约束草图的几何位置、大小和方位。对草图元素进行全约束后，可确保对草图做进一步的修改和调整的过程中，不发生草图元素的紊乱。如图 2-64 所示，将图中的尺寸由"20"修改为"35"后，草图整体发生变化。这就是草图约束的优势所在。

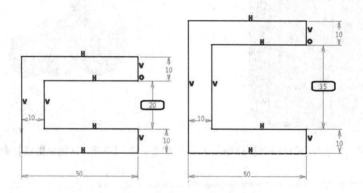

图 2-64 完整约束前、后的草图

但是，在约束不完整的草图上进行尺寸的修改和调整，将有可能引起元素之间的紊乱。如图 2-65a 所示的草图没有完全约束，当尺寸由"20"修改为"35"后，草图元素发生了不必要的变化。

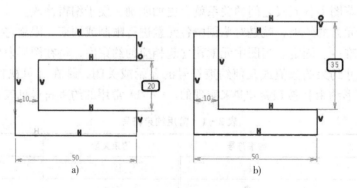

图 2-65 约束不完整的草图

2. 二维草图与和三维实体之间的约束

可以在二维和三维实体之间创建约束。如图 2-66 所示，选择二维草图中的圆与三维实体圆柱的圆周，可以实现二者之间的同心约束。

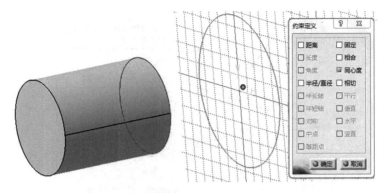

图 2-66 圆和圆柱的圆周之间创建同心约束

2.4.2 创建约束

通过单击【约束】工具条中不同的命令按钮，可以快捷创建图形元素之间的约束。图 2-67 所示是【约束】工具条，依次的命令为【对话框中定义的约束】、【约束】、【固联】、【制作约束动画】和【编辑多重约束】等。

图 2-67 【约束】工具条

1. 对话框中定义的约束

利用【对话框中定义的约束】命令，可以建立尺寸约束或几何约束。使用该命令时，必须先选择图素对象，再单击命令按钮，弹出如图 2-68 所示的【约束定义】对话框。对话框中的约束选项，有的可以添加到一个图素上，如长度、水平和竖直约束等；有的可以添加到多个图素上，如距离、角度、同心和平行等。利用该对话框可以对单个或多个图素快速添加约束。根据选择图素的不同，对话框中被激活的约束方式也有所不同。

2. 约束

单击【约束】按钮右下角的三角形箭头，可以展开【创建约束】工具条，它包含【约束】和【接触约束】两个命令按钮。

图 2-68 【约束定义】对话框

1）约束。单击命令按钮可以快速创建尺寸、距离和固定等不同的约束，它的主要任务是完成尺寸标注。双击已经完成的尺寸约束，在弹出的【约束定义】对话框中可以对尺寸值进行修改。选中尺寸数值并拖动，可以改变其在尺寸线上的位置；选择尺寸线上的标注箭头并拖动，可以改变标注线的位置。

注意：在标注两个图素之间的间距、角度时，右键单击浮动的尺寸线，利用弹出的对话框可以转换为这两个图素之间几何约束的定义。利用该方法能快捷地定义两个图素关于某轴的对称。图 2-69 所示为两个斜线关于中间点画线的对称约束定义。

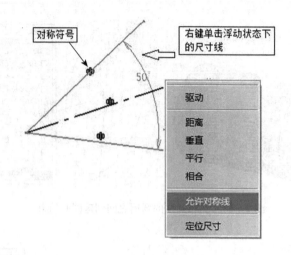

图 2-69 两个斜线关于中间点画线的对称约束定义

2）接触约束。单击命令按钮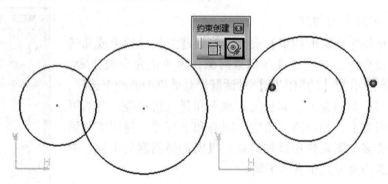可以在多个草图元素之间快速实现同心、相合、相切和共线等几何约束。如图 2-70 所示，单击该命令按钮，再选择大、小两个圆（后选择的对象将发生移动），将在两个圆之间自动生成同心约束。

图 2-70 大、小两个圆创建接触约束

3. 固联约束

该命令按钮⊘可以将多个图素约束在一起，使它们的相对位置固定。如果移动其中一个图素，其他图素将随之移动，相对位置保持不变。

4. 自动约束

单击【固联约束】按钮旁的下三角箭头，可以展开【受约束】工具条。该工具条中还包括【自动约束】命令按钮⊠。利用该命令，可以快速对草图元素实现同心、相合和相切等几何约束。如图 2-71 所示，选择待约束的图素对象，单击【自动约束】命令按钮，将弹出【自动约束】对话框，可以选择尺寸的参考起始线或对称线来辅助软件进行定位，将自动在图素上添加长度、半径、距离、水平、相切和同心等约束。

图 2 - 71　【自动约束】命令

5. 编辑多重约束

使用命令按钮 可以将草图中每一个尺寸的约束都显示在弹出的对话框中，通过该对话框可以对每一个尺寸约束统一进行修改，如图 2 - 72 所示。

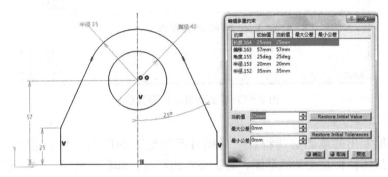

图 2 - 72　【编辑多重约束】命令

2.5 草图检查分析

1. 草图的约束状态

对草图元素进行约束的目的，是使草图有准确的尺寸和唯一的位置，草图在约束后不能有重复、冲突或欠缺。绘制的草图元素根据其性质及加入约束条件的多寡，将有不同的约束状态。系统默认的约束状态共有四种，以不同的颜色显示：

1）欠约束：欠约束的草图元素以白色显示，表示已经加入的约束或尺寸尚无法完全限制该图素，图素还有一些自由度存在，必须再加入其他约束来满足它。

2）全约束：完全约束的草图元素以绿色显示，表示加入约束或尺寸已经足够，可完全限制图素。图素无法再被拖拉移动。

3）过约束：过度约束的草图元素以紫色显示，表示加入约束或尺寸太多，已经超出约束图素的需求，必须删除多余的约束或尺寸。

4）错误约束：错误约束的草图元素以红色显示，表示加入约束或尺寸已经足够，但有些尺寸值是错误，超出几何上合理的范围，无法求解，需修改为适当的值。

只有欠约束和全约束的草图才能生成实体或曲面，过约束和错误约束的草图是无效、非法的草图。当存在后两种约束的草图在退出草图工作台时，系统将会弹出如图 2 - 73 所示的【更新诊断】的警告信息，提醒用户进行修改。

此外，草图中还有图素以其他颜色显示，表示的含义如下：

1）棕色图素：表示该图素是过度定义或是无约束，形成问题区域而无法计算。必须删除多余的约束或尺寸。

2）灰色图素：是草图中的构造图素，用来辅助其他图素进行定位。该图素不参与构建实体或曲面。

3）黄色图素：是受保护或不需修改的图素，一般由3D图素所产生。如投影或相交所建立的图素。

4）红橙色图素：表示图素已经被选取，再单击选择一次可取消选取。

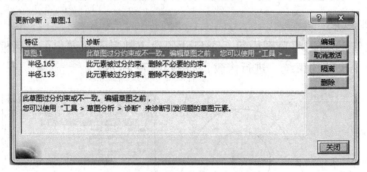

图 2-73　【更新诊断】警告信息

2. 草图合法性分析

CATIA 中绘制出的草图必须符合"封闭且不相交"的原则。对于轮廓不封闭的草图、相交的草图、封闭但相互交叉的草图、有重叠点的草图，都将被视为不合法的草图。不合法的草图将不能构建实体或曲面。对于草图中的有些非法轮廓不容易查找，需要借助于【草图分析】命令对草图进行合法性分析。

草图绘制完成后，单击下拉菜单【工具】→【草图分析】命令（只有在草图工作台状态下，才能使用该命令），利用弹出的【草图分析】对话框（图 2-74），对草图的合法性进行分析，检查草图的正确性并加以修改。该对话框包括"几何图形""使用边线"和"诊断"三个选项卡。

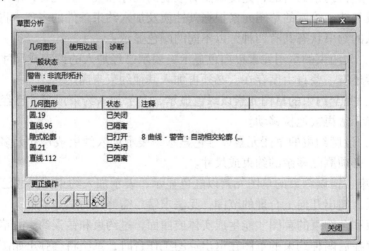

图 2-74　【草图分析】对话框

利用"几何图形"选项卡可以查看草图轮廓的几何状态，草图轮廓的类型见表 2 - 2。

表 2 - 2　草图轮廓类型

几何图形	状态	注释	更正方法
草图轮廓	已关闭（Closed）	组成轮廓的曲线数	
	已打开（Opened）	组成轮廓的曲线数，并提供警告信息	开口轮廓的端点以蓝色圆圈显示，修改为闭合轮廓
点、线	已隔离（Isolated）		删除或修改为构造元素

"几何图形"选项卡中的"更正操作"选项组中包含以下几个命令按钮：

➢ ⚙：把轮廓修改为构造元素。
➢ 🔧：将开放的轮廓封闭起来。
➢ ✏：删除不必要的轮廓元素。
➢ 📋：隐藏草图中的约束符号。
➢ ⚙：隐藏草图中的构造元素。

利用对话框中的"诊断"选项卡，可以查看草图中各元素的约束状态及几何体类型（标准元素还是构造元素）。

2.6　实例操作

草图绘制之初，首先要分析待绘制草图的尺寸基准，找出绘图的基准原点；其次分析草图是否具有对称等特点，便于后期草图的简捷绘制；然后将图形分解为数个简单的基本几何单元进行绘制；最后再利用编辑命令将基本几何单元修剪成所需要的图形。

在对绘制的草图进行编辑时，要同时加入几何约束，使图形原有的约束条件不发生变化，保持完全的约束状态。此外，可将多余或辅助的图素改为构造图素，以维持约束的完整性。

本节以图 2 - 75 所示的草图为例，介绍草图轮廓创建、草图编辑操作和草图约束等功能在实际设计中的应用。

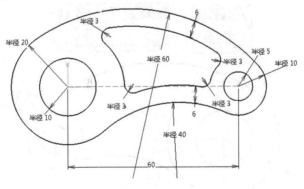

图 2 - 75　实例草图

绘图步骤如下：

1）单击下拉菜单【开始】→【零件设计】，打开新零件的设计界面。

2）在 XY 平面上绘制草图。如图 2−76 所示，单击选择【绘制】草图的按钮🖉，然后单击选择特征树上的"XY 平面"或屏幕上的"XY 平面"，进入草图绘制的画面。

3）如图 2−77 所示，确认【草图工具】命令条中的"几何约束"及"尺寸标注"已经启动，网格的"点对齐"关闭。

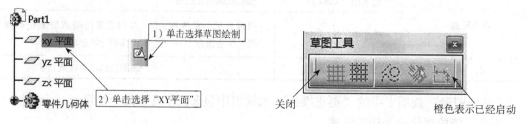

图 2−76　"XY 平面"上绘制草图　　　　　图 2−77　【草图工具】命令条

4）以坐标为原点，首先绘制出长度为"60"的水平构造线。然后再以该构造线的两个端点为圆心，双击【圆】命令，连续地、分别地绘制出左边和右边各两个圆，最后添加相应的尺寸约束，即可建立完全约束的四个圆，如图 2−78 所示。

5）利用【三点弧】命令，大致绘制出上、下两条圆弧，如图 2−79 所示。

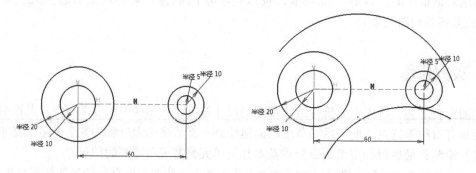

图 2−78　建立完全约束的四个圆　　　　图 2−79　利用【三点弧】命令绘制圆弧

然后双击【约束】命令，添加该两条圆弧与左、右两个大圆的相切关系，以及这两条圆弧的尺寸约束。最后双击【快速修剪】命令，剪除不需要的元素，如图 2−80 所示。

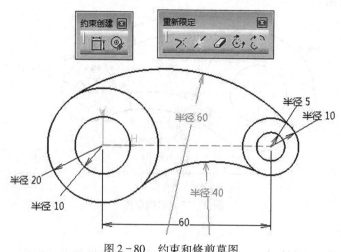

图 2−80　约束和修剪草图

6）利用【操作】工具条中的【偏移】命令，分别偏移出与"*R*60""*R*40"圆弧等距为"6"的圆弧（注意偏移的方向）；然后利用【快速修剪】命令，剪除不需要的元素；最后利用【操作】工具条中的【圆角】命令，对四处完成倒圆角"*R*3"的操作，如图 2–81所示。

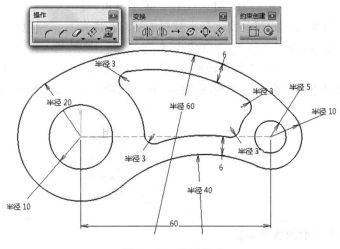

图 2–81　草图完成

本章小结

草图绘制能力的培养，是利用 CATIA 进行三维建模的第一步。本章主要讲解 CATIA V5 草图设计界面及其环境的设置、草图绘制工具的介绍、草图元素的修改编辑工具、草图元素的约束与创建方法、草图合法性分析及其修改方法。本章的重点是草图元素的绘制、编辑与约束的应用；本章的难点为草图元素约束的学习与应用。希望初学者按照讲解方法再进一步进行实例练习。

复习题

一、选择题

1. 按钮 ⊙ 的作用是（　　）

    A. 让模型整体居中显示   B. 平移模型

    C. 旋转模型   D. 缩放模型

2. 按钮 ⊘ 和 ⊘ 的区别是（　　）

    A. 虚线和实线转换   B. 显示和隐藏

    C. 实际线和构造线   D. 圆、直线和曲线的切换

3. 草图平面不能是（　　）

    A. 实体平表面   B. 任意一平面   C. 基准面   D. 曲面

4. 全约束的草图，系统默认的是呈（　　）颜色。

    A. 绿色   B. 黑色   C. 红色   D. 粉色

5. 在【草图工具】工具条中 ▓ 功能高亮显示时的效果是，在鼠标创建点时（　　）

A. 捕获几何元素的特征点   B. 捕捉直线的断点

C. 捕获圆心点   D. 捕获网格交叉点

6. SmartPick 功能是草图设计时 CATIA V5 自动含有的功能，它随时自动捕捉元素的几何关系特征，如果不需要该功能发生效果，按住下列哪个键？（   ）

A.〈Alt〉键   B.〈Ctrl〉键   C.〈Shift〉键   D.〈Enter〉键

7. 在草图设计时，系统默认的颜色变化是很重要的实时诊断信息：绿色表示_____，黄色表示_____，紫色表示_____，红色表示_____。

A. 矛盾的约束   B. 不能修改的约束   C. 过约束   D. 完整的约束

8. CATIA 中一般用以下哪个命令按钮能够连续一次性绘制出如图 2-82 所示的图形（   ）

A.   B.

C.   D.

图 2-82

二、绘制如图 2-83 所示的各个草图

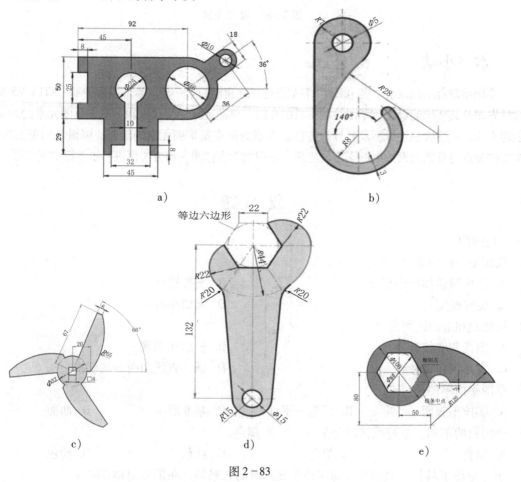

a)

b)

c)

d)

e)

图 2-83

第3章 零件设计

复杂的产品设计都是从简单的零件建模开始的。零件建模的基本组成单元是以草图轮廓为基础的特征操作。本章介绍零件模型创建的一般操作过程，以及其他一些基本特征工具的运用。

☞ **主要内容包括：**
- ◆ 零件设计概述
- ◆ 基于草图的特征
- ◆ 特征的修饰
- ◆ 特征的变换
- ◆ 实体组合
- ◆ 实例

☞ **本章教学重点：**
基于草图的特征及特征的修饰

☞ **本章教学难点：**
基于草图的特征运用、特征的修饰与变换

☞ **本章教学方法：**
讲授法，实例教学法

3.1 零件设计概述

3.1.1 零件设计的简单介绍

CATIA V5 零件设计能够让用户在一个直观、灵活的界面上从简单入手，逐步精确地设计出满足设计要求的、复杂的三维几何模型。

一般的实体建模有两种模式：一种是以草图为基础建立基本的特征，以修饰的方式创建形体；一种是以立方体、圆柱体、球体、锥体和环状体等为基本体素，通过交、并、差等集合运算，生成更为复杂的形体。这两种模式生成的形体都具有完整的几何信息，是真实而唯一的三维实体。

CATIA V5 的零件设计工作台是以创建参数化实体模型为起点的。零件设计工作台允许创建基于特征的联合模型。通过使用参考元素、草图、基于草图的特征、修饰特征以及变换操作等方法来创建实体和曲面模型。

第 2 章介绍了用草图设计模块创建草图轮廓的方法，本章将介绍如何利用草图轮廓来生成三维特征，并进一步利用这些特征构建零件模型。

3.1.2 零件设计工作台的进入

零件设计工作台的进入，常用以下三种方式：

1）进入软件界面，选择【开始】→【机械设计】→【零件设计】，如图 3 - 1 所示。

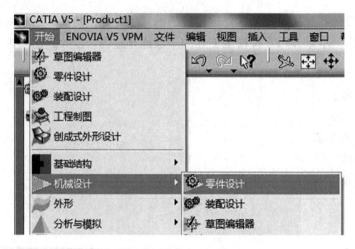

图 3 - 1　选择【开始】进入零件设计工作台

2）选择下拉菜单【文件】→【新建】，如图 3 - 2 所示，在弹出的【新建】对话框中选择 "Part"，然后单击【确定】按钮，进入如图 3 - 3 所示的零件工作台。

图 3 - 2　选择下拉菜单进入零件设计工作台

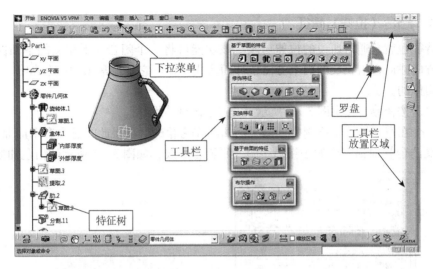

图 3-3 零件工作台

3）在工作台上单击零件设计图标按钮 ⚙，如图 3-4 所示。

3.1.3 主要功能图标介绍

在图 3-3 所示的零件设计工作台中，各个特征操作的功能以图标按钮的形式显示在各个工具栏中，对应这些功能图标的命令也可以在【插入】菜单中查找。

零件的主要设计功能主要分为以下几类：

➤ 基于草图的特征：由二维草图延伸为三维实体类的功能。

➤ 修饰特征：在实体上再修饰编辑的功能。

➤ 基于曲面的特征：根据曲面转变为实体的功能。

➤ 变换特征：进行实体的变换。

➤ 布尔操作：不同实体间的组合。

在后面章节中将一一介绍这些功能的使用方法。

图 3-4 单击【零件设计】图标进入零件设计工作台

3.2 基于草图的特征

这些特征是以在草图工作台中绘制的轮廓或曲面模块中生成的平面曲线为基础，通过使用拉伸、旋转、肋、加强肋、放样等功能建立三维实体模型。同时可以使用旋转槽、钻孔、移除、拔模和曲面等功能修改三维实体，主要包括如图 3-5 所示的几个功能图标按钮。

图 3-5 基于草图的特征功能图标按钮

3.2.1 凸台（拉伸）特征

凸台特征也就是通常所说的拉伸功能。该功能可将一个闭合、不相交的平面曲线轮廓，沿着一个方向或同时沿相反的两个方向拉伸而形成实体。它是最常用的一个命令，也是最基本的生成实体的方法。

首先单击按钮，弹出图3-6所示【定义凸台】对话框。

选择一个在草图模块中绘制完成的平面曲线作为轮廓。如果此时还没有平面曲线，可以单击【定义凸台】对话框中的按钮绘制一平面轮廓线，如图3-7所示的白色曲线。

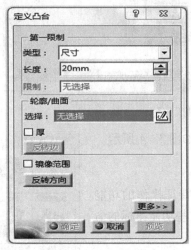

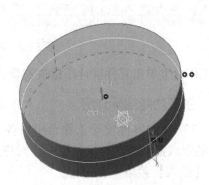

图3-6 【定义凸台】对话框（一）   图3-7 绘制平面轮廓线实例

一般情况下，如图3-6所示【定义凸台】对话框已能满足使用要求，单击【更多】按钮，将弹出如图3-8所示的完整的【定义凸台】对话框。单击如图3-8所示对话框的【更少】按钮，该对话框将返回如图3-6所示的局部【定义凸台】对话框的式样。【更多】和【更少】按钮的功能适用于所有的对话框。

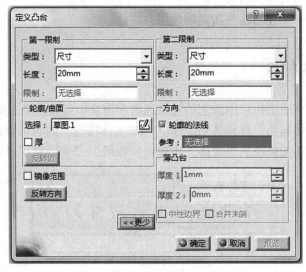

图3-8 【定义凸台】对话框（二）

该对话框各项含义如下：

（1）"第一限制"选项组　第一拉伸界限，其类型包括"尺寸""直到下一个""直到最后""直到平面"和"直到曲面"。除了"尺寸"方式不用参照其他元素外，其他方式都需要参考平面或者是实体表面。详细的解释请参照下一节挖槽特征中的对比解释。

光标放在绿色"限制1"或"限制2"字符上时，出现绿色箭头，按鼠标左键拖动鼠标，可以改变两界限大小。

（2）"第二限制"选项组　第二拉伸界限，它的正方向和第一拉伸界限相反，其余含义同"第一限制"。

（3）"轮廓/曲面"选项组　轮廓线和闭合曲线，用草图绘制模块绘制的草图或平面曲线，详见第2章草图设计。若单击该选项组中的按钮，将进入创建该闭合曲线时的草图工作环境。

（4）"镜像范围"复选框　若选中"镜像范围"复选框，"第二限制"参数自动设置为与"第一限制"参数相同，形体以草图平面为对称。

（5）【反转方向】按钮　单击该按钮，改变拉伸方向为当前相反的方向。单击图形显示区域中代表拉伸方向的箭头，也可以改变拉伸方向。

需要注意的是：多个封闭曲线的组合（图3-9）也可以拉伸成三维实体，前提是这些封闭曲线相互之间不可以相交，如图3-10所示。

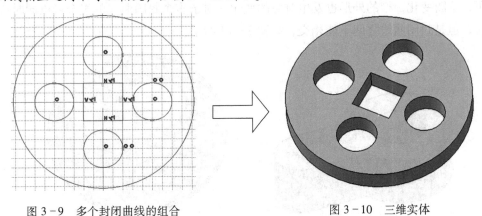

图3-9　多个封闭曲线的组合　　　　　　图3-10　三维实体

3.2.2　挖槽特征

CATIA V5提供了多种凹槽创建方法，单击挖槽特征按钮右下角的下三角按钮，弹出有关挖槽特征命令的按钮。

1. 挖槽

挖槽命令，具有在零件上挖槽、钻孔或者按任意封闭曲线形状去除材料的功能，与凸台（拉伸）特征的功能相反。具体操作步骤如下：

1）在需要进行挖槽操作的实体表面绘制出要移除材料的外形轮廓曲线，如图3-11所示。

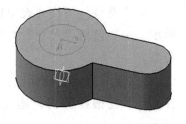

图3-11　绘制外形轮廓曲线

2）单击按钮，在弹出的【定义凹槽】对话框中的"深度"框中输入去除材料的深度，设定去除的方向，单击【反转方向】按钮可以改变去除的方向，如图 3－12 所示。

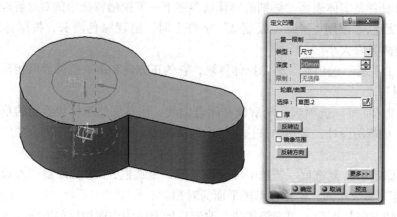

图 3－12　修改去除方向

3）单击【确定】按钮，完成绘制。如图 3－13 所示。

说明：当进行挖槽操作时，对挖槽特征的外形进行修改，只需要双击其轮廓草图进行修改即可，草图变化，槽的外形也发生对应的变化。对于多个封闭曲线的组合可以同时进行挖槽操作，但是封闭曲线之间不能相交，如图 3－14 所示。

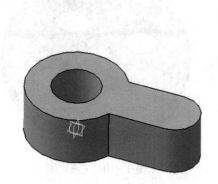 

图 3－13　完成挖槽　　　　　图 3－14　多个封闭曲线的组合挖槽操作

凸台特征中的【定义凸台】对话框与挖槽特征中的【定义凹槽】对话框中的"类型"下拉列表中的选项进行对照比较如下。

在"类型"下拉列表中提供了定义拉伸高度或挖槽深度的多种方式，如图 3－15 所示。主要包括"尺寸""直到下一个""直到最后""直到平面"和"直到曲面"等类型。

"尺寸"方式在前面已经介绍过，下面介绍其他四种方式的特点和用法。在进行拉伸操作和挖槽操作前，建立的拉伸模型和绘制的挖槽特征所依据的草图如图 3－16 所示。

图 3 - 15　【定义凸台】和【定义凹槽】对话框

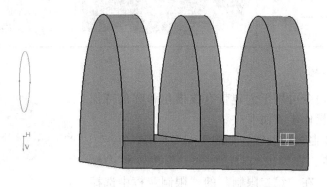

图 3 - 16　建立拉伸模型和绘制的挖槽特征草图

"直到下一个""直到最后""直到平面"和"直到曲面"这四种方式在拉伸操作和挖槽操作中相应的操作结果比较见表 3 - 1。

通过表 3 - 1 可以知道:"直到下一个"是将平面曲线拉伸或挖除到离曲线最近的一个实体表面,这个表面与曲线有一定位置关系;"直到最后"是指将平面曲线拉伸或者挖除到离平面曲线最远的一个实体表面;"直到平面"是指以某一平面作为轮廓拉伸或挖槽的限制位置,将平面曲线拉伸或挖除到该平面上;"直到曲面"是以某一曲面作为轮廓拉伸或挖槽的限制位置,将平面曲线拉伸或挖除到该曲面上。

表 3 - 1　四种拉伸方式

类　型	拉伸结果	挖槽结果
第一限制 类型: 直到下一个 限制: 无选择 偏移: 0mm		

（续）

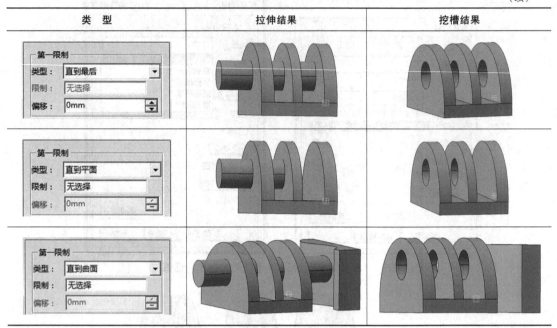

类　型	拉伸结果	挖槽结果
第一限制 类型：直到最后 限制：无选择 偏移：0mm		
第一限制 类型：直到平面 限制：无选择 偏移：0mm		
第一限制 类型：直到曲面 限制：无选择 偏移：0mm		

2. 拔模圆角凹槽

拔模圆角凹槽命令可用于创建带有拔模角和圆角特征的凹槽特征。具体操作步骤如下：

1）在实体上绘制封闭曲线，如图 3-17 所示。

2）单击按钮，在弹出的对话框的"深度"框中输入去除材料的深度，在"第二限制"的"限制"框中选择拔模斜度的基准面，如图 3-18 所示。

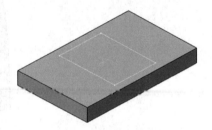

图 3-17　绘制封闭曲线

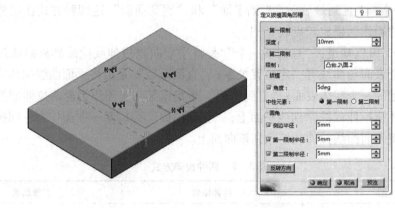

图 3-18　定义拔模圆角凹槽

3）在对话框的"角度"框中输入拔模的角度，在"侧边半径"框中输入倒圆半径，单击【确定】按钮完成绘制，如图 3-19 所示。

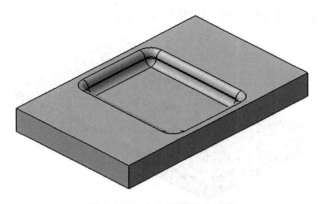

图 3 - 19　完成拔模圆角凹槽

3. 多凹槽

多凹槽是指在同一草绘截面上给不同区域制定不同的拉伸长度值。要求所有轮廓必须是封闭且不相交的。具体操作步骤如下：

1）在实体上绘制多个封闭的、不相交的草图轮廓，如图 3 - 20 所示。

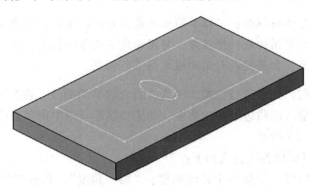

图 3 - 20　绘制多个封闭的、不相交的草图轮廓

2）单击按钮⊡，选择多个轮廓的草图后，在弹出的【定义多凹槽】对话框中依次设置不同区域的挖除深度，完成相关参数设置，如图 3 - 21 所示。

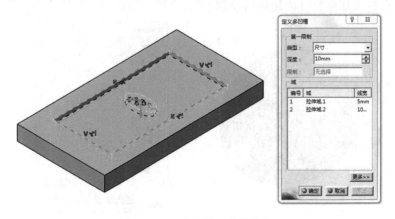

图 3 - 21　多凹槽参数的定义

3）单击【确定】按钮完成绘制，如图 3 - 22 所示。

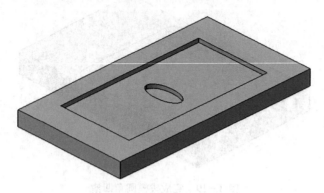

图 3 - 22   完成多凹槽切除

3.2.3   旋转体特征

该功能是将一条闭合的平面曲线绕一条轴线旋转一定角度而形成实体。平面曲线和轴线是用草图设计模块绘制的。绘制轴线的图标按钮为 ┆ 。

注意：在使用旋转体特征时，二维草图必须是自封闭的轮廓，或者是和旋转轴组成封闭曲线。除和旋转轴组成封闭曲线的情况外，封闭曲线不能与轴相交；在多个封闭曲线存在的情况下也可以旋转成形，但前提是封闭曲线之间不能相交。

使用该特征功能时，先单击按钮 ⊞，再选择闭合的平面曲线，在弹出的【定义旋转体】对话框中选择轴线，输入向两边旋转的角度，如果轴线是草图中用 ┆ 工具画出的，系统会自动认出轴线，如图 3 - 23 所示。

【定义旋转体】对话框各项含义如下：

（1）"限制"选项组   包括两个旋转角度："第一角度"，以逆时针方向为正向，从草图所在平面到起始位置转过的角度；"第二角度"，以逆时针方向为正向，从草图所在平面到终止位置转过的角度。

（2）"轮廓/曲面"选项组   选择被旋转的轮廓曲线，它是用草图设计模块创建的。若单击按钮 ⊠，可进入草图设计模块进行绘制。

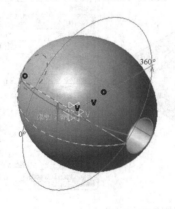

图 3 - 23   定义旋转体轴线

（3）"轴线"选项组 如果在绘制旋转轮廓的草图截面时已经绘制了轴线，系统会自动选择该轴线，否则需在"选择"文本框中指定轴线，可在绘图区选择轴、边线等作为旋转体轴线。

3.2.4 旋转槽特征

旋转槽特征的功能是用旋转的方式挖除实体零件上不需要的部分，是与旋转体特征相反的功能。

1）在草图中绘制出旋转轴和需要切除的轮廓曲线，如图 3 - 24 所示。

2）单击按钮 ![icon]，选择轮廓线和轴线，输入起始和终止角度，同时还可以单击【反转边】按钮得到不同的结果，如图 3 - 25 所示。

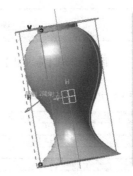

图 3 - 24 绘制出旋转轴和需切除的轮廓曲线

图 3 - 25 定义旋转槽参数

3）单击【确定】按钮，完成旋转槽操作。如图 3 - 26 所示。

注意：在草图中绘制的轮廓线可以是不封闭的曲线，但是必须保证该曲线可以和实体表面的轮廓线组合成闭合曲线。

3.2.5 孔特征

该功能可以完成圆孔或螺纹孔的绘制。单击孔特征图标按钮 ![icon]，弹出如图 3 - 27 所示的【定义孔】对话框。该对话框有"扩展""类型"和"定义螺纹"三个选项卡。

图 3 - 26 完成旋转槽操作的实体

1．"扩展"选项卡（图 3 - 27）

1）"盲孔"：选此项时"深度"下拉列表框为可用状态。该下拉列表中其他选项"直到下一个""直到最后""直到平面"和"直到曲面"的含义如图 3 - 28 所示。

2）"直径"：孔直径。

3）"深度"：在界限为"盲孔"时需要输入此项，为孔的深度。

4）"定位草图"：进入草图设计，确定孔心位置。

5）"底部"：孔底部形状，包括"平底"和"V 形底"两种。

6）"角度"：底锥角度。

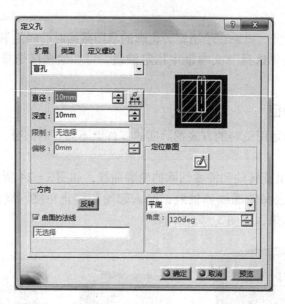

图 3-27 【定义孔】对话框

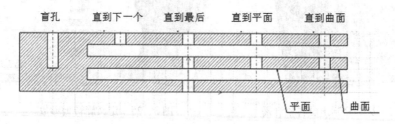

图 3-28 盲孔及其他选项的含义

2. "类型"选项卡（图3-29a）

通过该选项卡可确定各种孔的式样及对应的参数，如图3-29b所示的简单孔、锥形孔、沉孔、埋头孔和倒钻孔等。

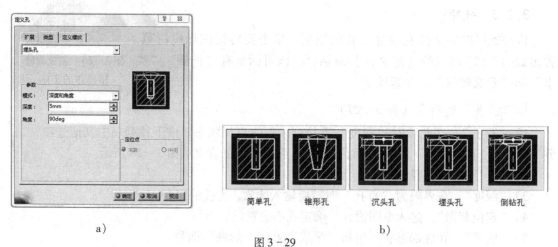

a)   b)

图 3-29

a）孔"类型"选项卡 b）各种孔的式样和参数

3. "定义螺纹"选项卡

定义钻孔的直径、深度和螺纹孔的螺纹直径、深度等参数，如图 3 - 30 所示。

图 3 - 30　"定义螺纹"孔选项卡

单击按钮，选择待钻孔的实体表面后，弹出【定义孔】对话框，设置孔参数后，单击按钮，进入草图编辑器，约束孔的中心位置后返回，然后单击【确定】按钮，系统自动完成孔特征操作，如图 3 - 31、图 3 - 32 所示。

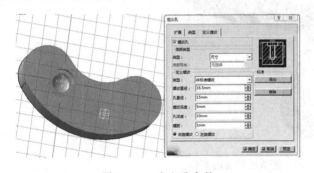

图 3 - 31　定义孔参数

图 3 - 32　完成切孔的实体

3.2.6　肋特征

肋特征的功能是将二维轮廓线沿着一中心曲线扫描而生成实体。通常二维轮廓线使用封闭草图，而中心曲线可以是平面草图或空间曲线，可以是封闭的或开放的曲线。具体操作步骤如下：

1）绘制如图 3 - 33 所示的二维轮廓线和中心扫描线（这两个曲线不能在同一个草图平面内绘制）。单击按钮，弹出【定义肋】对话框，选择轮廓和中心曲线，并设置相关参数，如图 3 - 34 所示。

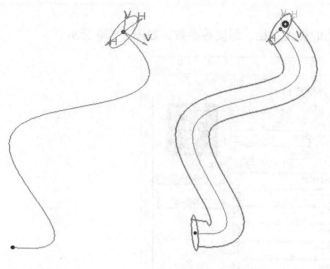

图 3 - 33　绘制二维轮廓线和中心扫描线　　　　　图 3 - 34　【定义肋】对话框

2）单击【确定】按钮，系统完成肋特征的创建，如图 3 - 35 所示。

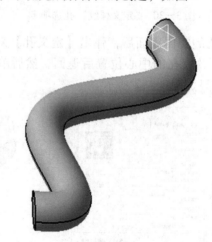

图 3 - 35　完成肋特征的实体

在【定义肋】对话框中，"控制轮廓"选项组的下拉列表有以下三种选择：

1）"保持角度"：轮廓线所在平面和中心线切线方向的夹角保持不变，如图 3 - 36a 所示。

2）"拔模方向"：轮廓线方向与指定的方向始终保持不变。通过"选择"框选择一条直线，即可确定指定的方向，如图 3 - 36b 所示。

3）"参考曲面"：轮廓线平面的法线方向和指定的参考曲面夹角大小始终保持不变。通过"选择"框选择一个表面即可，如图 3 - 36c 所示。

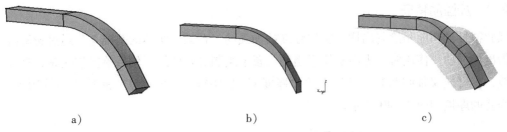

图 3-36　"控制轮廓"三个功能的演示

a) 保持角度演示　b) 拔模方向演示　c) 参考曲面演示

注意：中心曲线是轮廓线扫描的路径，需要符合一定的要求。例如，如果它是三维曲线，必须是相切连续的；如果是一平面曲线，则不需要是相切连续；如果中心曲线是闭合的三维曲线，那么轮廓线必须是封闭的。

3.2.7　开槽特征

开槽特征的功能是使一条轮廓线沿中心曲线去除不需要的部分。开槽特征与肋特征相似，只不过肋特征是增加实体，而开槽特征是去除实体。开槽特征的使用方法与肋特征相同，只是使用开槽特征需要先有实体存在。具体操作步骤如下：

1）绘制出如图 3-37 所示的二维轮廓线和中心扫描线（这两条曲线不能在同一个草图平面内绘制）。单击按钮，弹出【定义开槽】对话框，选择轮廓和中心曲线，并设置相关参数，如图 3-38 所示。

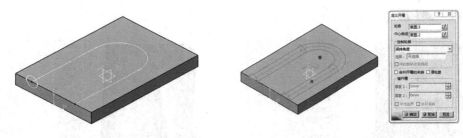

图 3-37　绘制二维轮廓线和中心扫描线　　　图 3-38　【定义开槽】对话框

2）单击【确定】按钮，完成开槽特征的操作，如图 3-39 所示。

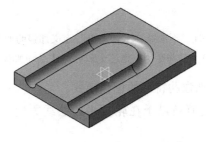

图 3-39　完成开槽特征的实体

3.2.8　加强肋特征

加强肋特征的功能是绘制出增加实体强度的加强筋。在某一实体的基础上，通过轮廓线就可以做出加强肋。使用时，先在实体适当的位置上绘制好轮廓线，然后单击按钮，选择该轮廓线，在【定义加强肋】对话框中的"厚度1"框中输入肋的厚度。通过"中性边界"定义加强肋的厚度如图3-40所示。

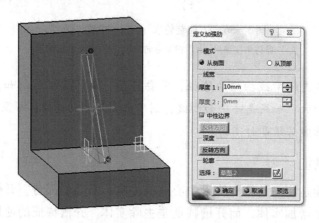

图3-40　通过"中性边界"定义加强肋的厚度

该对话框中有一个"中性边界"复选框，选中后表示往轮廓线两边同时加厚形成加强筋，而且两边的厚度是一样的，均为"厚度1"输入数值的一半。如果不选中此复选框，则表示在轮廓线的一边加厚形成加强筋。通过【反转方向】按钮可以改变方向绘制出加强筋，结果如图3-41所示。

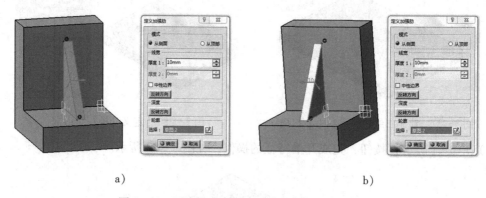

a)　　　　　　　　　　　　　　　　　　　　　　　　　b)

图3-41　不选择"中性边界"定义加强肋的厚度

a) 一边加厚　b) 通过【反转方向】方向加厚

"模式"选项组用于定义加强肋特征的创建模式。

➢ "从侧面"：加强肋厚度值被赋予在轮廓平面法线方向，轮廓在其所在平面内延伸，得到加强肋零件。

➢ "从顶部"：加强肋的厚度值被赋予在轮廓平面，轮廓沿其所在平面的法线方向延伸，得到加强肋零件。如图3-42所示。

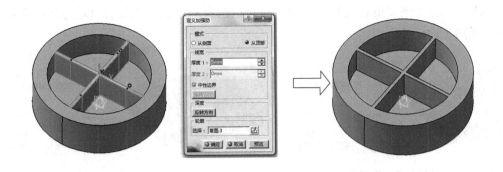

图 3 - 42　"从顶部"定义加强肋特征的创建模式

3.3　特征的修饰

特征的修饰是指在已有实体零件的基础上进行一定的修饰，包括的图标按钮如图 3 - 43 所示。

图 3 - 43　修饰特征图标按钮

3.3.1　倒圆角

CATIA V5 提供了多种圆角特征的创建方法，单击【倒圆角】按钮 右下角的下三角按钮，弹出有关【倒圆角】命令按钮，如图 3 - 44 所示。

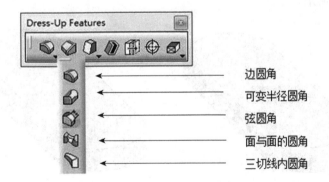

图 3 - 44　【倒圆角】命令演示

1. 边圆角

边圆角的功能是在实体的边线进行倒圆角操作，就是将尖锐的边线修饰成平滑的圆角。在现有实体的基础上选择需要倒圆角的边（可以选择多条边），单击【边圆角】按钮 ，弹出如图 3-45 所示的【倒圆角定义】对话框。也可以选择一个面，系统会自动寻找与面相关的边线，如图 3-46 所示。

图 3-45　选择多条边倒圆角

图 3-46　选择面倒圆角

在【倒圆角定义】对话框的"半径"文本框中输入圆角半径值，单击【确定】按钮完成倒圆角任务。选边和选面得到的结果分别如图 3-47、图 3-48 所示。

图 3-47　选边倒圆角结果

图 3-48　选面倒圆角结果

"选择模式"下拉列表框，用于选择圆角的延伸方式。

➢ "相切"：当选择某一条边线时，所有和该边线光滑连接的棱边都将被选中进行倒圆角，结果如图 3-49 所示。

➢ "最小"：只对选中的边线进行倒圆角，并将圆角光滑过渡到与它相邻的边线，结果如图 3-50 所示。

图 3-49　"相切"模式倒圆角结果

图 3-50　"最小"模式倒圆角结果

2. 可变半径圆角

该功能是在同一棱边上倒出半径值变化的圆角。单击【可变半径圆角】按钮，弹出如图 3-51 所示的【可变半径圆角定义】对话框。

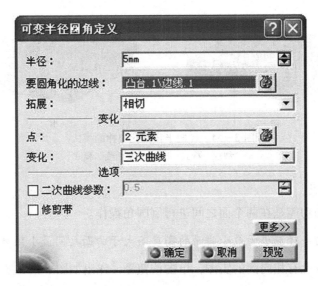

图 3-51　【可变半径圆角定义】对话框

该对话框中"半径""拓展""修剪带"各项与前面倒边圆角的含义相同。其余各项的含义如下：

1）"要圆角化的边线"：输入倒圆角的棱边。选中一条棱边时，棱边的两端显示了两个点和默认的半径值。

2）"点"：用来选取设置圆角半径的位置。首先单击该文本框，然后在被选棱边上单击某处，在被单击处显示出一个点和默认的半径值。双击半径值，弹出如图 3-52 所示【参数定义】对话框。通过该对话框可以修改半径的数值。

如果在边线上继续增加圆角变化的数目，可在对话框的"点"文本框内单击，然后在边线上要增加变化圆角的地方单击，此时会增加点的数目。更改半径值只需双击半径标注处即可。如果想去除某个点，只需在此点上再单击一次，这个点就被除去了。图 3-52 所示就增加了两个点。倒角结果如图 3-53 所示。

图 3-52　【参数定义】对话框

图 3-53　倒角结果

3）"变化"：控制半径变化的规律，有"线性"和"三次曲线"两种选择，"线性"选项使圆角的半径值呈线性变化，如图 3-54a 所示；"三次曲线"选项使圆角半径呈三次方曲线变化，如图 3-54b 所示。

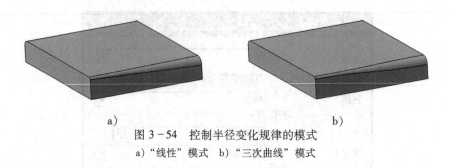

a)   b)

图 3 – 54　控制半径变化规律的模式

a)"线性"模式　b)"三次曲线"模式

3. 面与面的圆角

面与面的圆角的功能是在两个面之间进行倒圆角操作。

注意：倒圆角的半径应小于最小曲面的高度而大于曲面之间最小距离的 1/2。

首先建立两个以上有相向面的实体，单击按钮，弹出如图 3 – 55 所示的【定义面与面的圆角】对话框。

图 3 – 55　【定义面与面的圆角】对话框

单击待倒圆角的两个面，输入到对话框的"要圆角化的面"文本框中，再输入适当的半径值，即可得到如图 3 – 56 所示的结果。

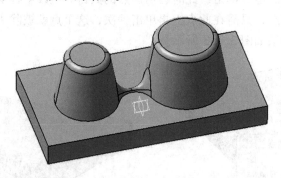

图 3 – 56　面与面的圆角结果

4. 三切线内圆角

该功能是指通过指定的 3 个相交面创建一个与这 3 个面相切的圆角。先建立一个零件，单击按钮，弹出如图 3 – 57 所示的【定义三切线内圆角】对话框。

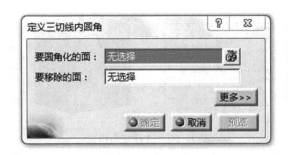

图 3-57 【定义三切线内圆角】对话框

激活 "要圆角化的面" 文本框，一次选择两个面；然后激活 "要移除的面" 文本框，选择一个要移除的面。单击【确定】按钮，系统自动完成 "三切线内圆角" 操作，如图 3-58所示。

图 3-58   "三切线内圆角" 操作演示

3.3.2 倒直角

该功能是将尖锐的边切成斜边。首先建立一个零件，然后单击按钮 ，选择待倒直角的边或者面。选择一个面时被选择的面周围的边线都将被倒角，【定义倒角】对话框如图 3-59所示。

图 3-59   【定义倒角】对话框

接着可以选择切角方式，在 "模式" 下拉列表框中，分别有 "长度1/角度" 和 "长度 1/长度 2" 两种模式。若选择了 "长度 1/角度" 模式，该对话框出现 "长度 1" 和 "角度" 文本框；若选择了 "长度 1/长度 2" 模式，该对话框出现 "长度 1" 和 "长度 2" 文本框，如图 3-60 所示。

图 3 - 60 选择切角模式

想要改变切角的方向，可以单击图 3 - 60 中模型上的箭头
或者在对话框中选中"反转"复选框，最后单击【确定】按
钮完成倒直角操作。结果如图 3 - 61 所示。

3.3.3 拔模

对于铸造、模锻或注塑等零件，为了便于起模或者模具与
零件的分离，需要在零件的拔模面上构造一个斜角，称为拔 图 3 - 61 完成倒直角操作结果
模角。

CATIA V5 提供了多种拔模特征创建方法，单击【拔模】按钮 ⬚ 右下角的下三角按钮，
弹出有关【拔模】命令按钮，如图 3 - 62 所示。

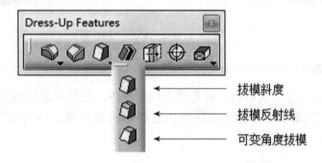

图 3 - 62 【拔模】命令

1. 拔模斜度

拔模斜度的功能是将零件中需要有拔模斜度的部分进行往上或往下的拔模。在进行拔模操
作前，需要先建立一个零件实体，单击按钮 ⬚ ，弹出如图 3 - 63 所示的【定义拔模】对话框。

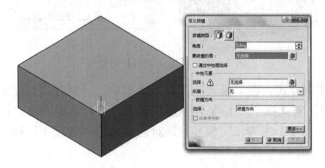

图 3 - 63 【定义拔模】对话框

激活"要拔模的面"文本框，选择待拔模的面，可以选择多个面；然后激活"中性元素"选项组中的"选择"文本框，选择拔模的基准面（拔模前后大小不变的面）；再在"角度"文本框中输入所需拔模的角度，如图 3-64 所示。

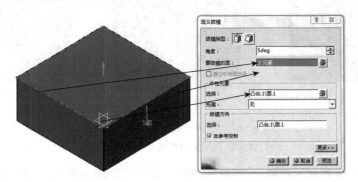

图 3-64 定义参数

在"拔模方向"的"选择"文本框中可以输入拔模方向。系统一般会有一个默认的拔模方向，但用户最好自己指定。单击【确定】按钮，结果如图 3-65 所示。

单击对话框中的【更多】按钮，将弹出更多的选项。其中，"分离元素"选项组用于定义拔模分界面，分界面可以是平面、曲面或者实体表面。拔模面将被分界面分成两部分分别进行拔模，如图 3-66 所示。

图 3-65 拔模结果

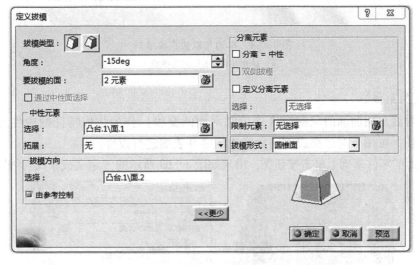

图 3-66 定义拔模分界面

选中"定义分离元素"复选框后，可以在图形窗口中选择一元素作为拔模底面（即拔模与不拔模的分界面）。如图 3-67 所示，可以看出定义拔模底面和未定义拔模底面的区别，图中的平面既是中性面又是分离元素。

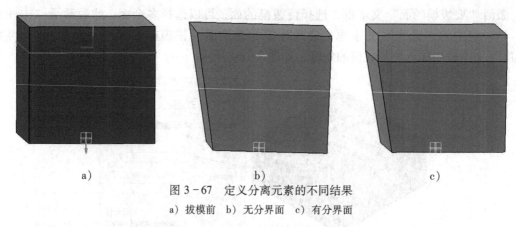

a)　　　　　　　　　　　b)　　　　　　　　　　　c)

图 3 - 67　定义分离元素的不同结果

a）拔模前　b）无分界面　c）有分界面

如果中性面和分离元素是同一个面，也可以选中"分离 = 中性"复选框。此时会激活"双侧拔模"复选框，若选中该复选框，则拔模基准面上下同时拔模，而且上下两个方向是相反的，如图 3 - 68 所示。

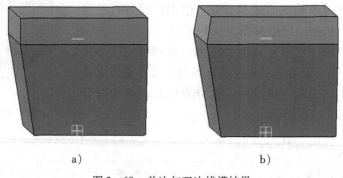

a)　　　　　　　　　　　　　b)

图 3 - 68　单边与双边拔模结果

a）单边拔模　b）双边拔模

2. 拔模反射线

拔模反射线是用曲面的反射线（曲面和平面的交线）作为拔模特征的中性元素，来创建拔模角特征，可用于对已完成倒圆角操作的零件表面进行拔模。

在有曲面的零件基础上单击按钮 📄，出现如图 3 - 69 所示的"定义拔模反射线"对话框。

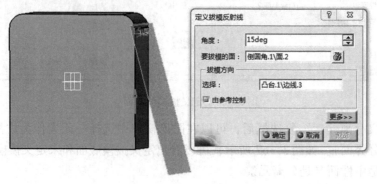

图 3 - 69　【定义拔模反射线】对话框

选择要拔模的曲面，输入到"要拔模的面"文本框中，在"角度"文本框中输入拔模角度；再在"拔模方向"选项组中选择拔模方向，最后完成的结果如图 3-70 所示。

图 3-70　完成拔模反射线结果

3. 可变角度拔模

单击【定义拔模】对话框"拔模类型"右边的第二个按钮
，对话框改变为变角度拔模状态，如图 3-71 所示。

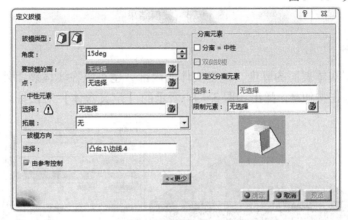

图 3-71　【定义拔模】对话框

比较图 3-63 与图 3-71 两个【定义拔模】对话框，区别在于后者用"点"文本框替换了"通过中性面选择"复选项。说明变角度拔模不能通过中性面选择拔模的表面。

关键的操作是选择中性面和拔模面后，与这两种面临界的棱边的两个端点各出现一个角度值，双击此角度值，通过随后弹出的【修改】对话框即可修改角度值。

如果要增加角度控制点，首先单击"点"文本框，再单击棱边，如图 3-72 所示棱边的中点，棱边的单击处出现角度值显示。双击角度值，通过随后弹出的【修改】对话框即可修改为指定角度。再单击此角度值为取消此控制点。

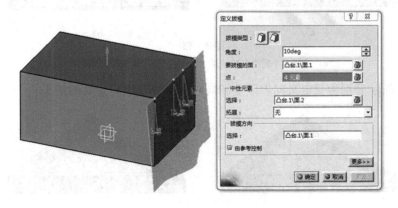

图 3-72　增加角度控制点演示

确定好各个拔模数值后，单击【确定】按钮，得到如图 3-73 所示的结果。

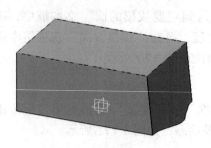

图 3 - 73 拔模结果

3.3.4 抽壳

该功能是保留实体表面的厚度，挖空实体的内部，也可以在实体表面外增加厚度。首先建立一个零件，单击按钮 ，弹出如图 3 - 74 所示的【定义盒体】对话框。

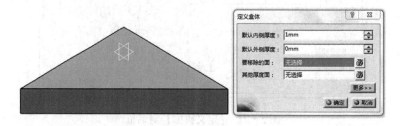

图 3 - 74 【定义盒体】对话框

选择要挖空的面，输入到"要移除的面"的文本框中，可以选择一个面或者多个面；在"默认内侧厚度"和"默认外侧厚度"中分别输入向内和向外的厚度，然后单击【确定】按钮。图 3 - 75 所示为分别选一个面挖空和选两个面挖空的结果。

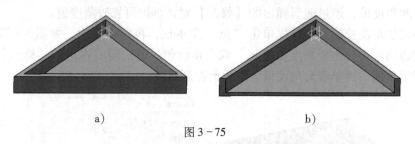

a)   b)

图 3 - 75

a）选择一个面挖空的结果 b）选择两个面挖空的结果

图 3 - 76 所示分别为只定义向内厚度和向内、向外厚度均定义的结果。

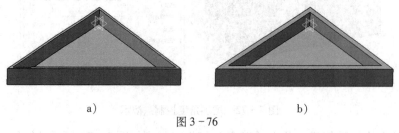

a)   b)

图 3 - 76

a）向内厚度定义结果 b）向内、向外厚度均定义的结果

"其他厚度面"：确定非默认厚度的表面，呈蓝色显示，并出现该面的厚度值，双击厚度值可以改变该面的厚度。例如，选择如图 3 - 77a 所示三角形零件的前侧面，并将向内和向外厚度值均改为"1mm"。单击【确定】按钮，即可得到如图 3 - 77b 所示形体。

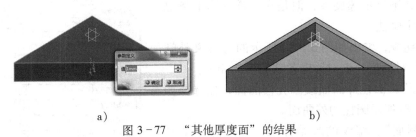

a)   b)

图 3 - 77   "其他厚度面"的结果

3.3.5 增减厚度

该功能是用于在零件实体上选择一个厚度控制面，设置一个厚度值，实现现有实体厚度的增减。选择实体表面后，输入正值，则该表面沿法向增厚，负值则减薄。

单击按钮，弹出【定义厚度】对话框，如图 3 - 78 所示。在"默认厚度"文本框中输入默认的厚度值（正数表示增加的厚度，负数表示减少的厚度），激活"默认厚度面"，选择改变默认厚度的形体表面，单击【确定】按钮，系统自动完成厚度特征。增减厚度的结果如图 3 - 79 所示。

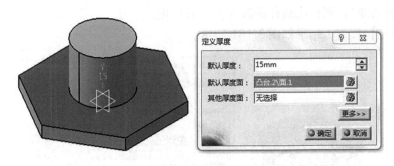

图 3 - 78   【定义厚度】对话框

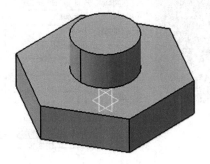

图 3 - 79   增减厚度的结果

3.3.6 螺纹

该功能是在圆柱外曲面生成外螺纹，或在圆孔的内曲面生成内螺纹。系统只是将螺纹信息记录到数据库，三维模型上并不显示螺旋线，但是在二维视图上将显示螺纹的规定画法。

单击按钮⊕，弹出如图 3-80 所示的【定义外螺纹/内螺纹】对话框。该对话框各项的含义如下：

> "侧面"：圆柱外曲面或圆孔内曲面，如选择如图3-81所示圆柱的外曲面。
> "限制面"：螺纹的起始界限，必须是一个平面，如选择如图3-81所示圆柱的顶面。
> 【反转方向】按钮：改变螺纹轴线为当前相反的方向。
> "类型"：螺纹的类型，包括公制细牙螺纹、公制粗牙螺纹和非标准螺纹，如选择非标准螺纹。
> "外螺纹直径"：螺纹的大径。
> "支撑面⊖直径"：圆柱或圆孔的直径。
> "外螺纹深度"：螺纹的深（高、长）度。
> "支撑面高度"：圆柱或圆孔的高（深、长）度。

单击【确定】按钮，结果如图 3-81 所示。

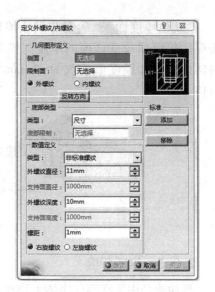

图 3-80 【定义外螺纹/内螺纹】对话框

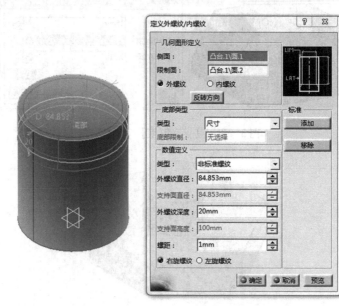

图 3-81 完成螺纹结果

⊖ 工程中习惯使用的术语是"支撑面"，但在 CATIA 界面中，使用的术语是"支持面"，请读者注意。

3.4 特征的变换

特征的变换是指对已生成的零件特征进行位置变换、复制变换（包括镜像和阵列）及缩放变换等，可以通过单击如图 3-82 所示的【特征变换】工具栏上的相关命令按钮来实现。

图 3-82 【特征变换】工具栏

3.4.1 转换

转换功能可以改变实体的位置，从而达到用户的要求。其中包括"平移""旋转"和"对称"，如图 3-83 所示。

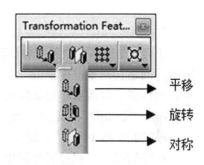

图 3-83 【转换】工具栏

1. 平移

该命令用于在特定的方向上，将整个零件相对于坐标系进行指定距离的移动，常用于零件几何位置的修改。首先建立一个实体零件，单击按钮，在弹出如图 3-84 所示的【问题】对话框中单击【是】按钮，系统继续弹出【平移定义】对话框，如图 3-85 所示。该对话框中的选项含义如下：

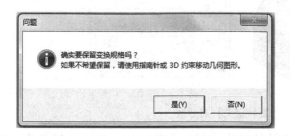

图 3-84 【问题】对话框

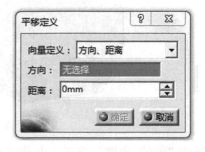

图 3-85 【平移定义】对话框

1)"向量定义"：提供了"方向、距离""点到点"和"坐标"三种向量定义的移动方式。

➤"方向、距离"：指定实体移动的距离和方向。

➤"点到点"：指定起始点和目标点，将实体从一个点移动到另一个点。

➤"坐标"：输入目标点的坐标值，实体将从当前位置移动到该点坐标位置。

2)"方向"：移动的方向。可以选择直线或平面确定方向。如果选择的是平面，平面的法线即为移动方向。

3)"距离"：移动的距离。正数表示沿给定方向移动，负数表示沿给定方向的反方向移动。也可以用光标指向移动箭头，按住鼠标左键直接拖动形体。

激活【平移定义】对话框，选择"点到点"方式，指定起始点和目标点，单击【确定】按钮，完成平移操作。如图 3-86 所示。

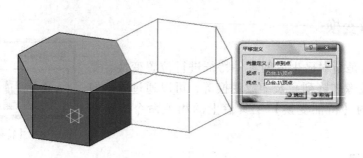

图 3 - 86 完成平移特征

2. 旋转

该命令是使零件绕某一轴线转动一定角度。首先建立一个实体零件，单击按钮█，在弹出的【问题】对话框中单击【是】按钮进行确认，系统将弹出如图 3 - 87 所示的【旋转定义】对话框。对话框"定义模式"中有三种方式：

➢ "轴线-角度"：定义一条直线为旋转轴，并输入角度值。

➢ "轴线-两个元素"：定义以直线为旋转轴，选择两个元素定义角度。

➢ "三点"：以通过三点创建的平面的法线方向作为旋转轴，以第二点为顶点、第二点和第一点的连线与第二点和第三点的连线之间所形成的夹角的大小来定义角度。

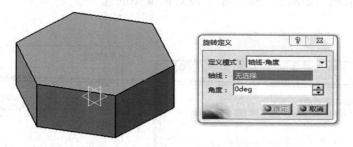

图 3 - 87 【旋转定义】对话框

选择"轴线-角度"方式，并指定旋转的轴线或平面作为方向，输入旋转角度，单击【确定】按钮完成旋转特征的操作。如图 3 - 88 所示。

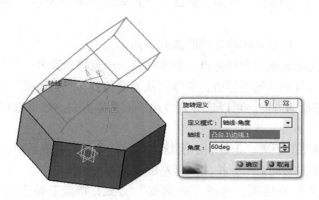

图 3 - 88 输入旋转特征参数及结果

3. 对称

该命令用于在指定的对称面将整个零件进行对称复制。单击按钮 🔘，在弹出的【问题】对话框中单击【是】按钮进行确认，系统继续弹出【对称定义】对话框，激活其中"参考"文本框，选择对称平面，单击【确定】按钮，系统自动完成模型的对称复制，如图 3-89 所示。

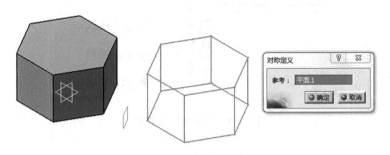

图 3-89 【对称】命令演示

3.4.2 镜像

此功能是选择一个实体零件对一指定平面进行镜像操作，形成对称的两个零件，原来的零件还保留。选择一个零件后，单击按钮 🔘，弹出如图 3-90 所示的【定义镜像】对话框。选择一个平面作为对称平面，最后单击【确定】按钮，完成镜像复制操作，结果如图 3-91 所示。

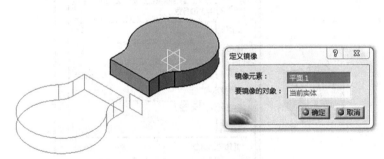

图 3-90 【定义镜像】对话框

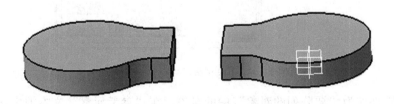

图 3-91 完成镜像后的结果

3.4.3 阵列

阵列功能是选择一个实体特征作为参考样式，以不同的方式多次复制这些样式，从而形成新的实体。其中包括"矩形阵列""圆形阵列"和"自定义阵列"。【阵列】工具栏如图3－92 所示。

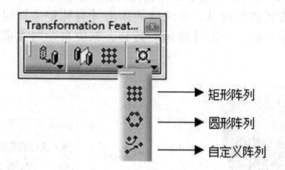

图 3－92 【阵列】工具栏

1. 矩形阵列

该功能是将整个形体及其特征复制为 m 行 n 列的矩形阵列。具体步骤如下：

1）首先选择一个实体零件，单击按钮 ⊞，出现【定义矩形阵列】对话框，如图 3－93 所示。

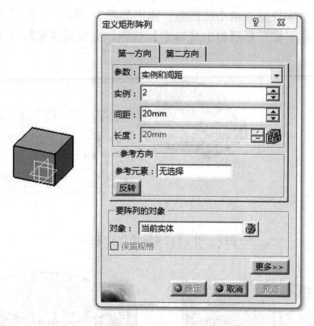

图 3－93 【定义矩形阵列】对话框

2）将该零件作为"要阵列的对象"中的对象，在"参考元素"文本框中选择零件图中的平面为参考方向。

3）对话框中"第一方向"表示矩形阵列的竖排。在"实例"和"间距"文本框中分别输入阵列的个数和间距值，如图 3－94 所示。

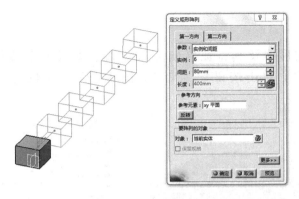

图3-94 矩形阵列演示

4）对话框中"第二方向"表示矩形阵列的横排。在"实例"和"间距"框中也可以输入阵列的个数和间距的数值。

5）如果箭头方向不对，还可以单击【反转】按钮来改变方向，阵列的结果如图3-95所示。

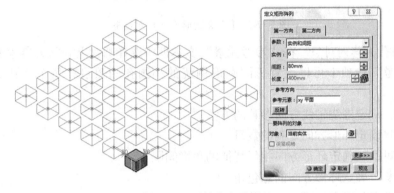

图3-95 反转方向阵列

在"第一方向"和"第二方向"选项卡中都有"参数"，确定方向参数的方法有"复制的数目和总长度""复制的数目和间距"和"间距和总长度"三种。

➤ 实例：确定该方向复制的数目。

➤ 间距：确定该方向阵列的间距。

➤ 长度：确定该方向的总长度。

各选项的组合得到阵列的结果，如图3-96所示。

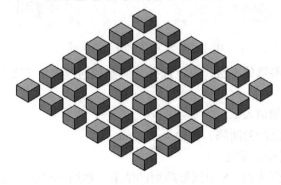

图3-96 阵列结果

2. 圆形阵列

该功能是将当前形体及其特征复制为 m 个环，每环 n 个特征的圆形阵列。首先创建一个实体零件，单击按钮 ⚙，弹出如图 3-97 所示的【定义圆形阵列】对话框。

图 3-97 【定义圆形阵列】对话框

选择小圆孔为阵列对象，在"参考元素"文本框中选择圆盘上表面为参考平面。

"轴向参考"选项卡可以设置每圈圆形围绕的小圆孔的数目和每个圆孔之间的角度。其中：

➢ "参数"确定围绕轴线方向参数的方法。

➢ "实例"确定环形方向复制的数目。

➢ "角度间距"确定环形方向相邻特征的角度间隔。

➢ "总角度"确定环形方向的总包角。

➢ "参考元素"确定环形方向的基准。

"定义径向"选项卡，设定径向的参数，如图 3-98 所示。其中：

图 3-98 "定义径向"选项卡

➢ 参数：确定径向参数的方法，可以选择"圆和径向厚度""圆和圆间距""圆间距和径向厚度"。

➢ 圆：确定圈数，如输入 2。

➢ 圆间距：确定圈之间的间隔，如输入"20mm"。

➢ 径向厚度：确定径向宽度。

各选项的组合，得到 2 圈 ×8 个圆形阵列的结果，如图 3-99 所示。

图 3－99　圆形阵列结果

3. 自定义阵列

该功能是以实体特征为样式，按用户指定的方式进行重复使用，形成新的实体。自定义阵列与前面两种阵列的不同之处在于，阵列的位置是在草图设计模块确定的。

以实体上的小圆孔为例。建立一个实体，在实体上绘制出一个小圆孔及其圆心点。同时也绘制出用来确定孔位置的点（该点只能在一个草图中绘制，不能用空间点），如图 3－100 所示。

图 3－100　绘制出一个小圆孔及其圆心点

单击按钮 ，弹出【定义用户阵列】对话框，选择孔的圆心点作为"定位"的元素，并激活"对象"文本框，选择小圆孔作为阵列对象，激活"位置"文本框，选择在草图中绘制的定位点，如图 3－101 所示。

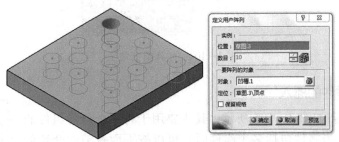

图 3－101　定义参数

单击【确定】按钮，得到的结果如图 3－102 所示。

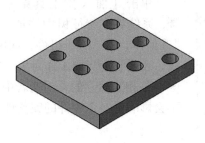

图 3－102　自定义阵列结果

3.5 实体组合

当有两个以上的实体组件时，可以通过布尔操作将不同的实体组件组合起来。布尔操作的主要功能图标按钮如图3－103所示。

图3－103 【布尔操作】工具栏

在 CATIA 特征树中图标🌑就表示零件几何体或几何体。设计零件时，有时在一个几何体里不能完成所有的特征要求，这时便可以插入第二个甚至更多的几何体来完成实体的设计。如图3－104中所示的"零件几何体""几何体2"和"几何体3"表示不同的组件。右键单击某一个组件，在弹出的快捷菜单中选择【定义工作对象】命令，即可定义该组件为当前工作实体。

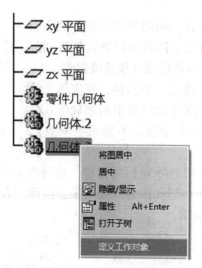

图3－104 实体组合演示

3.5.1 新零件的插入

【插入】工具条如图3－105所示，其主要用于将一个新的组件插入到其他零件中。当零件包括多个组件时，可以按下面章节中介绍的不同方式，将这些组件进行组合、布尔操作和合并修剪等，来获得零件的最终造型。

图3－105 【插入】
工具条

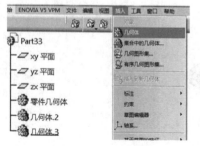

图3－106 添加新组件

单击【插入】工具条中的按钮🌑，系统将在特征树中添加一个名为"几何体.＊"的新组件，如图3－106所示。它带有下划线，表明它为当前工作对象。"零件几何体"和"几何体.＊"是相互独立的，对两者中的任意一个零件进行操作将不会影响另一个零件的完整性。

3.5.2　不同实体间的布尔操作

如图 3 - 107 所示的【布尔操作】工具栏，可以通过相关命令按钮
将一个文件中的两个零件体组合到一起，实现添加、移除和相交等
运算。

1. 组合

该功能是将两个实体组合在一起，形成一个新的形体。

图 3 - 107　【布尔操作】
工具栏

图 3 - 108 所示为弧形柱体（零件几何体）和圆柱体（几何体 . 2）。
用组合功能将这两个几何体组合在一起的操作步骤是：设定当前工作对象为零件几何体，单
击组合按钮，选择"几何体 . 2"；在弹出的【装配】对话框中"几何体 . 2"被自动填入
"装配"文本框中，"零件几何体"被自动填入"到"文本框中；再单击【确定】按钮，完
成"几何体 . 2"与"零件几何体"的组合，如图 3 - 109 所示。

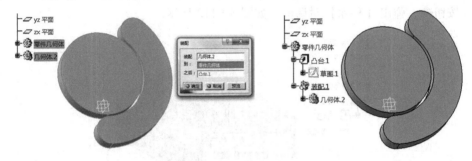

图 3 - 108　弧形柱体和圆柱体　　　　　　图 3 - 109　组合结果

2. 添加

该功能是将一个组件加入到另一个组件中，成为一个整体的组件。首先建立两个实体组
件，单击添加按钮，如图 3 - 110 所示。

图 3 - 110　添加演示

激活"添加"文本框，选择"几何体 . 2"，激活"到"文本框，选择"零件几何体"。
如果当前工作组件为"零件几何体"，则其会自动填入"到"文本框中，单击【确定】按
钮，就能得到两个组件添加到一起的结果，如图 3 - 111 所示。

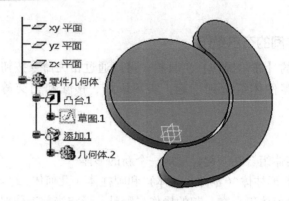

图 3-111　添加结果

3. 移除

【移除】命令用于在一个几何体中减去另一个几何体所占据的位置来创建新的几何体。单击移除按钮，弹出【移除】对话框，如图 3-112 所示。

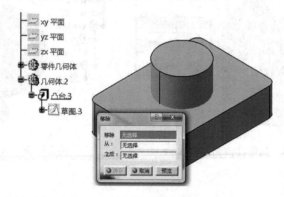

图 3-112　打开【移除】对话框

激活"移除"文本框，选择圆柱体（几何体.2）为移除对象，激活"从"文本框，选择长方体（零件几何体）为目标实体，单击【确定】按钮，系统完成移除特征，如图 3-113所示。

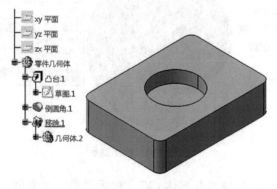

图 3-113　移除结果

4. 相交

【相交】命令用于将两个几何体组合到一起，取两者的交集部分。单击相交按钮，弹出【相交】对话框，如图 3 - 114 所示。

图 3 - 114　打开【相交】对话框

　　激活"相交"文本框，选择"几何体.2"（圆柱体）
为待相交的实体对象，激活"到"文本框，选择"零件几
何体"（长方体）为目标实体，单击【确定】按钮，系统
完成相交特征，如图 3 - 115 所示。

　　5. 联合修剪

　　该功能是在两个组件间同时进行交集、并集和减集运

图 3 - 115　相交结果

算，保留或去除部分结构，最后形成一个新的实体。先建立两个组件，单击联合修剪按钮
，弹出【定义修剪】对话框，如图 3 - 116 所示。

图 3 - 116　打开【定义修剪】对话框

　　激活"修剪"文本框，选择"几何体.2"，激活"与"文本框，选择"零件几何体"，
激活"要移除的面"文本框，选择圆柱体内的小正方形面，激活"要保留的面"文本框，
选择长方体的上表面，单击【确定】按钮，联合修剪结果如图 3 - 117 所示。

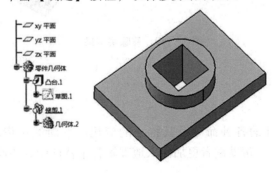

图 3 - 117　联合修剪结果

6. 移除块

该功能用于移除单个几何体内多余且不相交的实体。单击移除块按钮，弹出【定义移除块（修剪）】对话框，如图 3－118 所示。

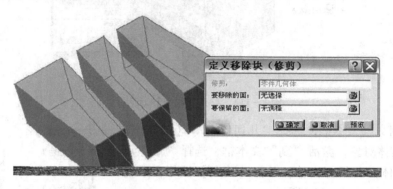

图 3－118　打开【定义移除块（修剪）】对话框

选择几何体左半部分的斜面和右半部分的斜面为"要移除的面"，选择几何体中间部分的斜面为"要保留的面"，单击【确定】按钮，移除块结果如图 3－119 所示。

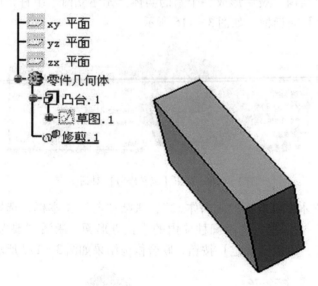

图 3－119　移除块结果

3.6 实例

前面介绍了零件设计的各种命令及其特征的应用。下面通过齿轮泵的泵体零件模型（图 3－120）的具体设计，帮助读者更加深入地理解各个特征命令的使用。

3.6.1　齿轮泵泵体设计

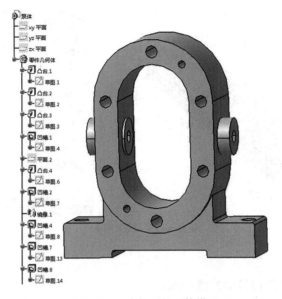

图 3 - 120　齿轮泵的泵体模型

1. 建立泵体支座

1）选择【开始】→【机械设计】→【零件设计】命令，如图 3 - 121 所示，新建一个零件。

图 3 - 121　新建零件设计

2）以 *XY* 平面为草图设计的参考平面。

3）单击按钮◿，进入草图模式，生成草图 . 1。

4）用矩形功能□在草图平面上绘制如图 3 - 122 所示的草图。

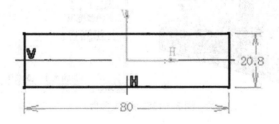

图 3 - 122　绘制泵体支座草图

5）单击按钮凸，离开草图模式。

6）单击按钮◿，在弹出的【定义凸台】对话框的"长度"文本框中输入数值"14mm"，如图 3 - 123 所示。

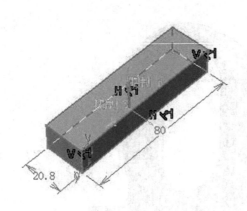

图 3－123　输入参数

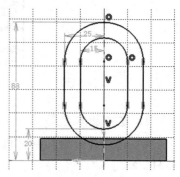

2. 建立泵体壳

1）以 *ZX* 平面为草图设计的参考平面。

2）单击按钮，进入草图模式，生成草图.2。

3）在草图上绘制出如图 3－124 所示的草图。

4）单击按钮，离开草图模式。

5）单击按钮，在弹出的【定义凸台】对话框的"长度"文本框中输入数值"13mm"，单击"更多"，可以实现双向拉伸，如图 3－125 所示。

图 3－124　绘制泵体壳草图

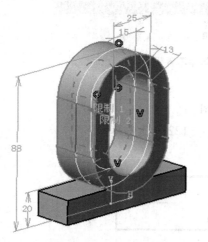

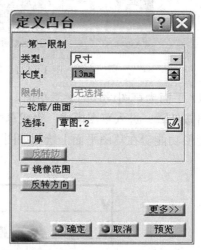

图 3－125　输入参数

6）泵体壳模型如图 3－126 所示。

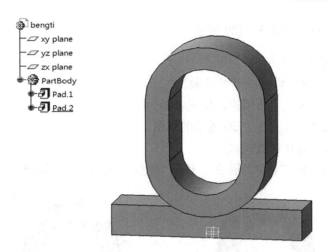

图 3 - 126　泵体壳模型

3. 建立泵体连接块

1）以 *XY* 平面为草图设计的参考平面。

2）单击按钮，进入草图模式，生成草图.3。

3）在草图上绘制出如图 3 - 127 所示的草图。

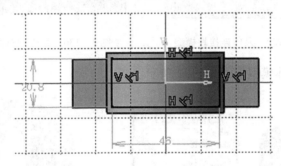

图 3 - 127　绘制泵体连接块

4）单击按钮，离开草图模式。

5）单击按钮，在弹出的【定义凸台】对话框的"长度"文本框中输入数值"25mm"，如图 3 - 128 所示。

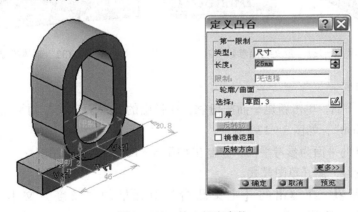

图 3 - 128　输入长度参数

6）泵体连接块模型如图 3 - 129 所示。

4. 对泵体内部进行切除

1）以 *ZX* 平面为草图设计的参考平面。

2）单击按钮囗，进入草图模式，生成草图 . 4。

3）在草图上绘制出如图 3 - 130 所示的草图。

4）单击按钮凸，离开草图模式。

5）单击按钮回，选择"切除到最后"，单击"更多"，可以实现双向拉伸，如图 3 - 131 所示。

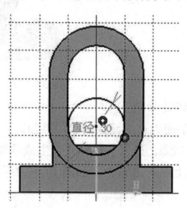

图 3 - 129　泵体连接块模型　　　　图 3 - 130　切除圆草图

6）切除之后的泵体模型如图 3 - 132 所示。

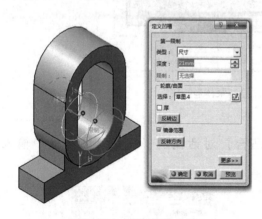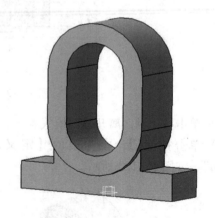

图 3 - 131　定义切除参数　　　　图 3 - 132　泵体模型

5. 建立进油管

1）选择 *YZ* 平面，单击新建平面按钮〇，在弹出的【平面定义】对话框的"偏移"文本框中输入"14mm"，如图 3 - 133 所示。

2）以新建立的平面为参考平面，绘制出如图 3 - 134 所示的草图。

3）单击按钮凸，离开草图模式。

4）单击按钮囝，在弹出的【定义凸台】对话框的"长度"文本框中输入数值"16mm"，如图 3 - 135 所示。

5）单击【确定】按钮确认。

6）在新建的平面上绘制出如图 3-136 所示的草图。

7）单击按钮凹，离开草图模式。

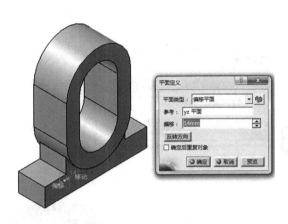

图 3-133　定义偏移量

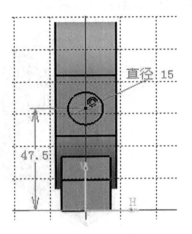

图 3-134　绘制草图

图 3-135　输入长度参数

图 3-136　绘制圆草图

8）单击按钮凹，在弹出的【定义凹槽】对话框的"深度"文本框中输入"20mm"，如图 3-137 所示。

9）进油管模型如图 3-138 所示。

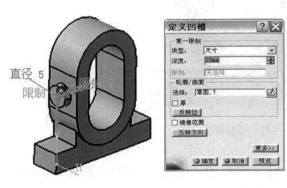

图 3-137　输入长度参数

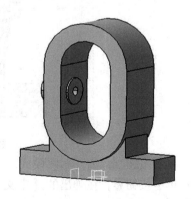

图 3-138　进油管模型

6. 建立出油管

1）单击按钮 ，弹出【定义镜像】对话框。选择 YZ 平面作为对称平面，选择进油管为镜像对象。如图3－139 所示。

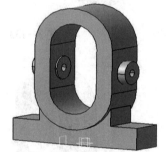

图3－139 选择对称平面及定义镜像对象

2）最后单击【确定】按钮，完成镜像操作，如图3－140所示。

7. 建立泵体安装孔

1）在草图模式下选择 ZX 平面为参考平面。

2）在草图上绘制如图3－141 所示的草图。

图3－140 镜像操作结果

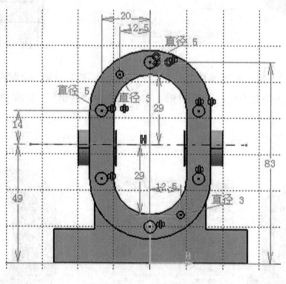

图3－141 绘制草图

3）单击按钮 ，离开草图模式。

4）单击按钮 ，在弹出的【定义凹槽】对话框的"深度"文本框中输入"18mm"，单击【更多】，可以实现双向切除，如图3－142 所示。

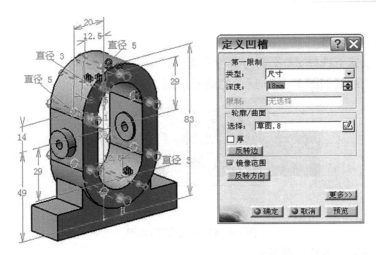

图 3 - 142　输入参数

8. 建立泵体支座安装孔

1）在草图模式下选择 XY 平面为参考平面。

2）在草图上绘制如图 3 - 143 所示的草图。

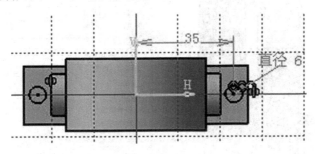

图 3 - 143　绘制安装孔草图

3）单击按钮，离开草图模式。

4）单击按钮，在弹出的【定义凹槽】对话框的"深度"文本框中输入"18mm"，如图 3 - 144 所示。

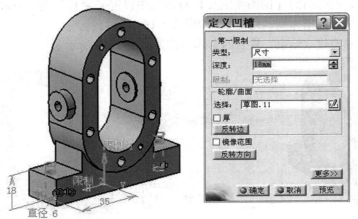

图 3 - 144　输入长度参数

9. 建立支座底部槽

1) 在草图模式下选择 **ZX** 平面为参考平面。

2) 在草图上绘制如图 3-145 所示的矩形草图。

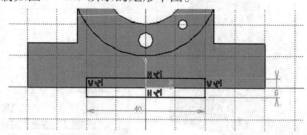

图 3-145 绘制矩形草图

3) 单击按钮 凸，离开草图模式。

4) 单击按钮 回，在弹出的【定义凹槽】对话框的"深度"文本框中输入"20mm"，单击"更多"，可以实现双向切除，如图 3-146 所示。

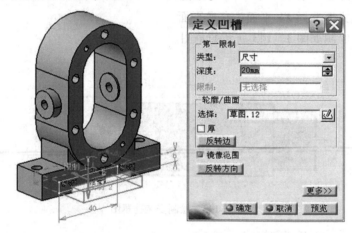

图 3-146 定义参数

10. 倒圆角

单击按钮 ，在弹出的【倒圆角定义】对话框中设定"半径"为"1mm"，选择支座的外沿、内沿和支座底部槽为倒圆角对象，如图 3-147 所示。

齿轮泵泵体模型建立结束，最后的实体零件如图 3-148 所示。

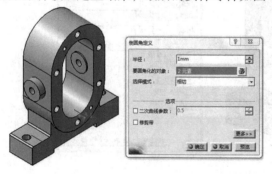

图 3-147 定义参数

图 3-148 齿轮泵泵体模型

3.6.2　齿轮泵右端盖设计

齿轮泵右端盖模型如图 3-149 所示。

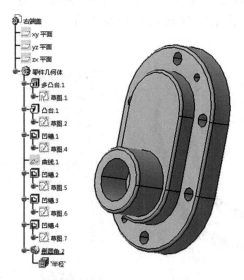

图 3-149　齿轮泵右端盖模型

1. 建立右端盖盖体

1) 选择菜单【文件】→【新建】，在弹出的对话框中选择 "Part"，然后单击【确定】按钮，弹出【新建零件】对话框，输入零件名称 "youduangai"，如图 3-150 所示，单击【确定】按钮，进入零件设计工作台。

2) 以 XY 平面为草图设计的参考平面。

3) 单击按钮，进入草图模式，生成草图.1，在草图平面上绘制如图 3-151 所示的草图。

图 3-150　新建零件

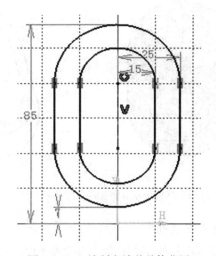

图 3-151　绘制右端盖盖体草图

4）单击按钮凸，离开草图模式。

5）单击按钮⑤，在弹出的【定义多凸台】对话框中分别选择需要拉伸的对象，在"域"列表框中的"线宽"列输入对应的数值"9mm""16mm"，如图 3－152 所示。

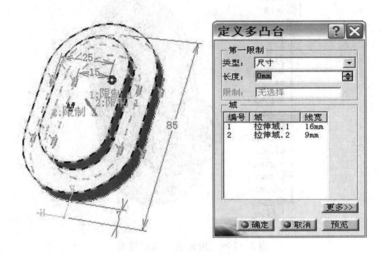

图 3－152　输入参数

2. 建立长齿轮轴安装孔

1）以 *XY* 平面为草图设计的参考平面，在草图平面上绘制如图 3－153 所示的草图。

2）单击按钮凸，离开草图模式。

3）单击按钮❷，在弹出的【定义凸台】对话框的"长度"文本框中输入数值"13mm"，如图 3－154 所示。

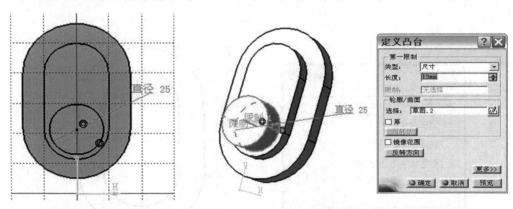

图 3－153　绘制安装孔草图　　　　　图 3－154　输入参数

3. 建立安装孔

1）以 *XY* 平面为草图设计的参考平面。

2）在草图平面上绘制如图 3－155 所示的草图。

3）单击按钮🔒，离开草图模式。

4）单击按钮📷，在弹出的【定义凹槽】对话框的"深度"文本框中输入"9mm"，如图 3 - 156 所示。

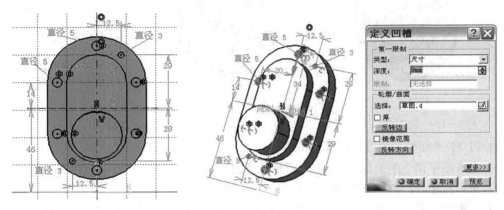

图 3 - 155　绘制草图　　　　　　　　　　图 3 - 156　输入参数

4．建立齿轮轴定位孔

1）以 *XY* 平面为草图设计的参考平面，在草图平面上绘制如图 3 - 157 所示的定位孔草图。

2）单击按钮🔒，离开草图模式。

3）单击按钮📷，在弹出的【定义凹槽】对话框的"深度"文本框中输入"11mm"，如图 3 - 158 所示。

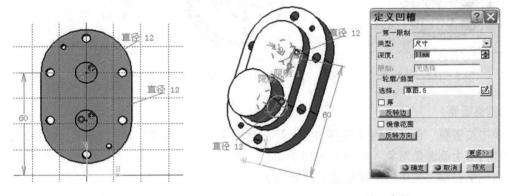

图 3 - 157　绘制定位孔草图　　　　　　　图 3 - 158　输入参数

5．建立安装孔

1）以安装孔的端面为草图设计的参考平面，在草图平面上绘制如图 3 - 159 所示的圆草图。

2）单击按钮🔒，离开草图模式。

3）单击按钮📷，在弹出的【定义凹槽】对话框的"深度"文本框中输入"13mm"，如图 3 - 160 所示。

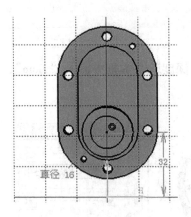
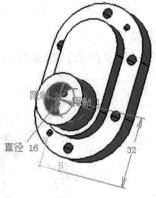

图 3-159　绘制圆草图　　　　　　　　　　　图 3-160　输入参数

4）以 *XY* 平面为草图设计的参考平面。

5）在草图平面上绘制如图 3-161 所示的草图。

6）单击按钮，离开草图模式。

7）单击按钮，在弹出的【定义凹槽】对话框的"深度"文本框中输入"16mm"，如图 3-162 所示。

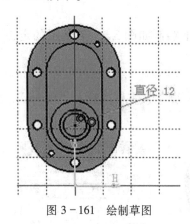

图 3-161　绘制草图　　　　　　　　　　　图 3-162　输入参数

6．倒圆角

单击按钮，在弹出的【倒圆角定义】对话框中设定"半径"为"1mm"，选择端盖的外沿和内沿为倒圆角对象，如图 3-163 所示。

齿轮泵右端盖盖体模型建立完成，如图 3-164 所示。

图 3-163　定义倒圆角参数　　　　　　　图 3-164　齿轮泵右端盖盖体模型

本章小结

本章讲解了 CATIA V5 零件设计的基本知识，主要内容有零件特征创建、特征修饰、特征变换和组合等方法。通过本节的学习，初学者能够熟悉 CATIA V5 零件特征的基本命令。本章的重点和难点为基于草图的特征、修饰特征应用，希望初学者按照讲解方法进一步开展实例练习。

复 习 题

一、选择题

1. 以下哪个图形不能作为拉伸轮廓来使用（　　　）

　　A.　　　　　B.　　　　　C.　　　　　D.

图 3－165

2. 如图 3－166 所示工具条，是哪个工作台的工具条（　　　）

   A. 工程制图工作台　　　　　　　　　　　B. 装配设计工作台

   C. 零件设计工作台　　　　　　　　　　　D. 草图设计工作台　　　图 3－166

3. 如图 3－167 所示模型，中间的孔特征有多种生成方法，根据树结构可以知道当前的孔特征是用以下哪种方法实现的（　　　）

   A. 拉伸增料　　　　　　B. 拉伸除料　　　　　　C. 布尔移除　　　　　　D. 孔命令

图 3－167

4. 用放样工具 作"天圆地方"模型时，经常生成如图 3－168a 所示的图形而得不到图 3－168b 所示的效果，这时一般只需要调整（　　　）

   A. 耦合关系　　　　　B. 闭合点　　　　　　C. 脊线　　　　　　D. 截面轮廓

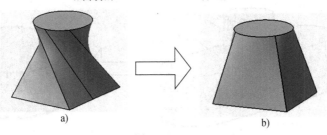

图 3－168

5. 要一步实现如图 3-169 所示的效果，以下哪个工具可以完成（　　）

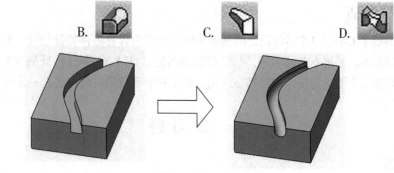

图 3-169

6. 根据如图 3-170 所示的参数设定，在当前模型上能得到的结果是（　　）

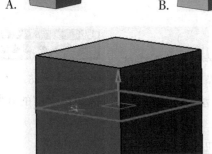
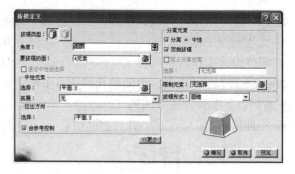

图 3-170

7. 零件设计工作台用 ⊕ 工具添加螺纹特征的螺钉模型，以下描述不正确的是（　　）

A. 螺钉模型视觉上能看到螺纹

B. 螺钉模型的螺纹可在工程图中正确投影出来

C. 螺钉模型视觉上不能看到螺纹

D. 螺钉模型螺纹参数可以用 ▣ 工具查看

8. 要实现如图 3-171 所示的效果，应使用（　　）工具。

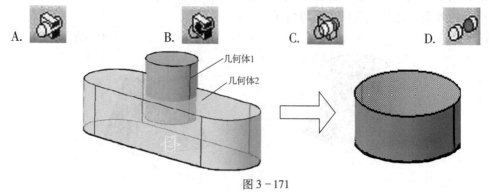

图 3-171

二、绘制如图 3 – 172 所示的各个实体

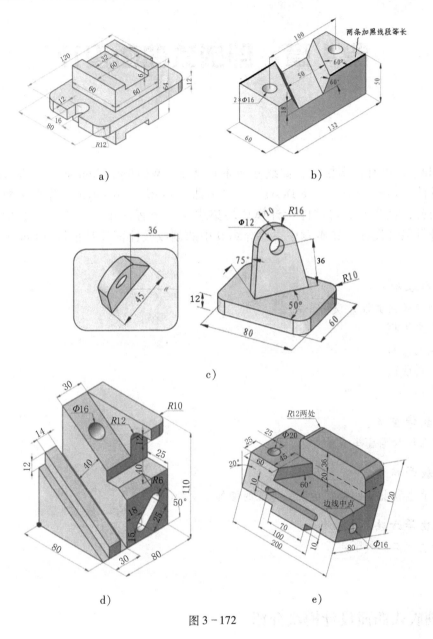

图 3 – 172

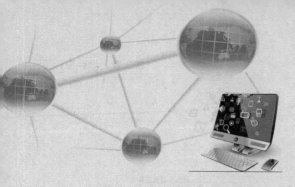

第4章 创成式曲面设计

CATIA V5 中有很多模块，如线框和曲面设计（Wireframe and surface design）、创成式曲面设计（Generative Shape Design）、自由曲面造型（FreeStyle）等众多模块都与曲面设计相关，这些模块与零件设计模块均集成在一个程序中，在设计过程中可以相互切换，进行混合设计。在本章中主要介绍其中的创成式曲面设计模块（Generative Shape Design）。

☞ **主要内容有**：
  ◆ 创成式曲面设计模块介绍
  ◆ 生成线框
  ◆ 生成曲面
  ◆ 编辑曲面
  ◆ 实例

☞ **本章教学重点**：
  空间曲线和曲面生成的方法

☞ **本章教学难点**：
  空间曲线和曲面的特征运用、特征的修饰与变换

☞ **本章教学方法**：
  讲授法，实例教学法

4.1 创成式曲面设计模块介绍

4.1.1 进入创成式曲面设计工作台

选择菜单【开始】→【外形】→【创成式外形设计】，弹出【新建零件】对话框，如图 4-1 所示。在对话框中输入零件名称，单击【确定】按钮进入工作台，生成文件的扩展名是"CATPart"。

图 4-1 进入创成式曲面设计工作台

在"创成式外形设计"模块中，经常需要切换到零件设计模块。此时可选择【开始】→【机械设计】→【零件设计】，即可进入零件模块。在图形绘制过程中，零件设计模块和创成式曲面设计模块可以互相切换。

4.1.2 创成式外形设计工具栏介绍

CATIA V5 创成式外形设计工作台常用的工具栏有【线框】、【曲面】、【操作】、【已展开外形】和【BiW Templates】等，如图 4-2 所示。工具栏中显示了常用的工具按钮，单击工具按钮右侧的下三角箭头，可展开下一级工具栏。

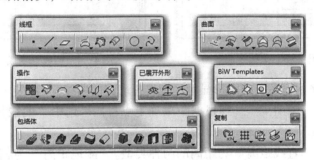

图 4-2 创成式曲面设计工具栏

4.2 生成线框

复杂的曲面都是由线框结构支撑的。用户在进行曲面模型设计时，均是先要设计出零件的线框结构模型。要建立流畅的外形结构，建好适当的线框结构是最基本的要求。

4.2.1 生成点

点是最基本的线框结构单元之一。CATIA V5 中，空间点创建方法有：利用坐标值创建点、创建曲线上的点、创建平面上的点、创建曲面上的点等。

1. 通过坐标创建点

单击【线框】工具栏中的【点】工具按钮 ，弹出【点定义】对话框，如图 4-3 所示。在"点类型"下拉列表框中选择"坐标"，分别在对话框的"X""Y""Z"框内输入相对于参考点的 X、Y、Z 坐标值，单击【确定】按钮，即可得到该点。参考点可以是坐标原点或者已有对象的点，系统默认的参考点是坐标原点。

2. 曲线上创建点

单击【线框】工具栏中的【点】工具按钮，弹出【点定义】对话框，在"点类型"下拉列表框中选择"曲线上"，如图 4-4 所示。

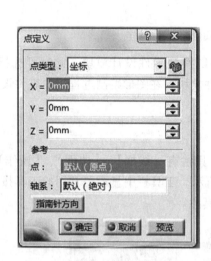

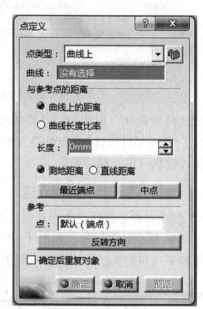

图 4-3　坐标生成点　　　　　　图 4-4　曲线上生成点

激活"曲线"文本框后，在图形显示区域选择已有的曲线。

如果选中"曲线上的距离"，则根据距离确定点；如果选中"曲线长度比率"，则根据长度比例系数确定点。

"测地距离"和"直线距离"为距离的两种类型。"测地距离"为相对于参考点的曲线距离，"直线距离"为相对于参考点的直线距离。

在"参考"选项组中选择一个参考点，默认状态下为曲线端点。

如果选中"确定后重复对象"复选框，可以在此命令结束后多次重复生成点的命令。

3. 平面上创建点

单击【线框】工具栏中的【点】工具按钮，弹出【点定义】对话框，在"点类型"下拉列表框中选择"平面上"，如图 4-5 所示。

分别在对话框的"平面""H""V""参考"选项组选择平面和输入坐标值，单击【确定】按钮，即可得到该点，也可以直接用鼠标在平面上选择点。参考点可以是平面上的任意点，默认的参考点是坐标原点。

4. 曲面上创建点

单击【线框】工具栏中的【点】工具按钮，弹出【点定义】对话框，在"点类型"

下拉列表框中选择"曲面上"，如图 4-6 所示。

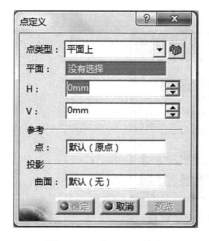
图 4-5　平面上生成点

图 4-6　曲面上生成点

激活"曲面"文本框，选择支撑曲面。激活"参考"选项组中的"点"文本框，选取参考点，默认状态下为曲面的中点。激活"方向"文本框，选择距离计算方向，并在"距离"文本框中填入创建点与参考点的距离。单击【确定】按钮完成曲面点的创建。也可以直接用鼠标在曲面上取点。

5. 创建圆心、球心

单击【线框】工具栏中的【点】工具按钮，弹出【点定义】对话框，在"点类型"下拉列表框中选择"圆/球面中心"，如图 4-7 所示。激活"圆/球面"文本框，选择圆或球体表面，单击【确定】按钮完成创建。

6. 生成给定切线方向的曲线上的切点

单击【线框】工具栏中的【点】工具按钮，弹出【点定义】对话框，在"点类型"下拉列表框中选择"曲线上的切线"，如图 4-8 所示。激活"曲线"文本框后，选择已有曲线，激活"方向"文本框，选择方向，单击【确定】按钮，即可得到给定切线方向的该曲线上的切点。

图 4-7　圆心/球心

图 4-8　曲线上切点

7. 生成两点之间的一个点

单击【线框】工具栏中的【点】工具按钮，弹出【点定义】对话框，在"点类型"下拉列表框中选择"之间"，如图 4-9 所示。激活"点 1""点 2"文本框，分别选择两个点，在"比率"文本框中输入比率的系数值，单击【确定】按钮，即可得到根据距离比率系数确定的一个点。

图 4-9　两点之间生成点

4.2.2　生成直线

直线是线框结构的又一个基本单元。CATIA V5 空间直线创建方法有："点—点""点—方向""曲线的角度/法线""曲线的切线""曲面的法线"和"角平分线"等。如图 4-10 所示。

1. 通过两个点生成直线

单击【线框】工具栏中的【直线】工具按钮✎，弹出【直线定义】的对话框，在"线型"下拉列表框中选择"点—点"，如图 4-11 所示。

图 4-10　空间直线创建方法

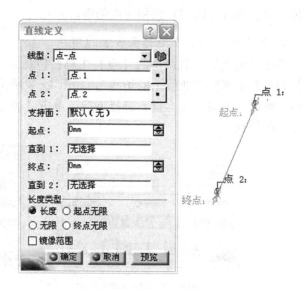

图 4-11　通过两点生成直线

对话框中各选项的含义如下：
➢ "点 1"：输入直线的起点。
➢ "点 2"：输入直线的终点。

➤ "支撑面"：输入支撑面（曲面），生成的线是起始点连线在支撑面上的投影，如果支撑面是平面，投影为直线，如果支撑面是曲面，投影线可能是曲线。

➤ "起点"：输入起点的外延长值（从点 1 开始）。

➤ "终点"：输入终点的外延长值（从点 2 开始）。

在"点 1""点 2"文本框中分别选取两点，单击【确定】按钮，即可完成最简单的直线设置。通过其他设置，也可以设置直线的起点及其参考平面等。

2．通过"点—方向"生成直线

单击【线框】工具栏中的【直线】工具按钮，弹出【直线定义】对话框，在"线型"下拉列表框中选择"点—方向"，如图 4-12 所示。

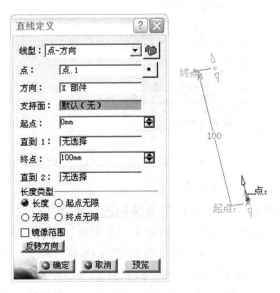

图 4-12　通过"点—方向"生成直线

对话框中各选项的含义如下：

➤ "点"：输入直线的起点。

➤ "方向"：输入直线的方向，可以选择直线或者平面。

➤ 【反转方向】：单击此按钮，线段改变为相反的方向。

其余各项的含义同前。

3．通过"曲线的角度/法线"生成直线

单击【线框】工具栏中的【直线】工具按钮，弹出【直线定义】对话框，在"线型"下拉列表框中选择"曲线的角度/法线"，如图 4-13 所示。

对话框中各项的含义如下：

➤ "曲线"：输入一条曲线。

➤ "角度"：输入一个角度值。

➤ "支撑面上的几何图形"：选中此复选框，则生成的是空间直线在支撑面上的投影。

➤ 【曲线的法线】：单击此按钮，则生成的线是曲线的法线。

➤ "确定后重复对象"：选中此复选框，则应用上面的输入参数再生成多条直线。

其余各项的含义同前。

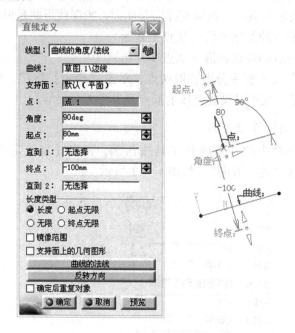

图 4-13 通过"曲线的角度/法线"生成直线

4. 通过"曲线的切线"生成直线

单击【线框】工具栏中的【直线】工具按钮✎，弹出【直线定义】对话框，在"线型"下拉列表框中选择"曲线的切线"，如图 4-14 所示。选取一条曲线填入"曲线"文本框；选取一个点填入"元素 2"文本框中。在"切线选项"选项组的"类型"下拉列表框中选择相切类型。其中"单切线"选项为创建通过选定起点的曲线切线；"双切线"选项为创建平行于曲线切线的直线。依次在"起点""终点"文本框中输入直线向两边延伸的长度。单击【确定】按钮完成直线的创建。

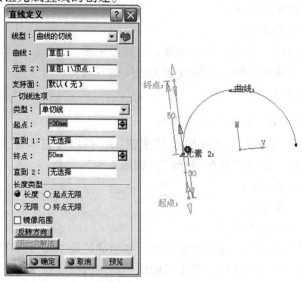

图 4-14 通过"曲线的切线"生成直线

5. "曲面的法线"

单击【线框】工具栏中的【直线】工具按钮 ✎，弹出【直线定义】对话框，在"线型"下拉列表框中选择"曲面的法线"，如图 4-15 所示。

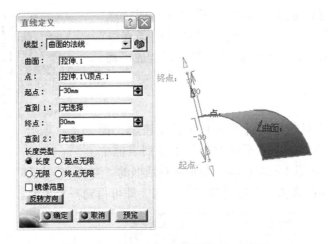

图 4-15　通过"曲面的法线"生成直线

在"曲面"文本框中选择一个曲面，选取一个点填入"点"文本框，编辑"起点"或"直到 1""终点"或"直到 2"，确定直线的起点和终点。单击【反转方向】按钮，修改延伸方向。单击【确定】按钮完成直线的创建。

6. "角平分线"

单击【线框】工具栏中的【直线】工具按钮 ✎，弹出【直线定义】对话框，在"线型"下拉列表框中选择"角平分线"，如图 4-16 所示。选取两条直线分别填入"直线 1""直线 2"文本框中。若需建立该二等分线在一曲面上的投影，则选取一支撑曲面填入"支持面"文本框中。编辑"起点"或"直到 1""终点"或"直到 2"，确定直线的起点和终点。此时会显示要创建的直线。若出现多条直线，则说明该条件下有多余的直线重合。

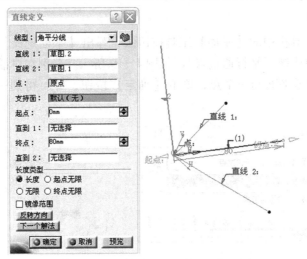

图 4-16　通过"角平分线"生成直线

4.2.3 生成平面

用户在设计一些复杂的曲面时，很多时候都需要建立一些参考平面作为绘图的基准。建立平面的方法有多种，如图4-17所示。可以通过"偏移平面""平行通过点""平面的角度/法线""通过三个点""通过两条直线""通过点和直线"和"通过平面曲线"等方式生成平面，下面将一一介绍。

图4-17 平面创建方法

1."偏移平面"

单击【线框】工具栏中的【平面】工具按钮 ，弹出【平面定义】对话框，在"平面类型"下拉列表框中选择"偏移平面"，如图4-18所示。分别在对话框的"参考""偏移"文本框中选择一个参考平面和输入偏移距离值，单击【确定】按钮，即可得到一个平面。

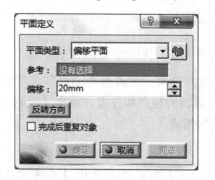

图4-18 通过"偏移平面"生成平面

对话框各选项的含义如下：
➢ "参考"：输入一个参考平面。
➢ "偏移"：与参考平面的偏移距离。

2."平行通过点"

单击【线框】工具栏中的【平面】工具按钮 ，弹出【平面定义】对话框，在"平面类型"下拉列表框中选择"平行通过点"，如图4-19所示。分别在对话框的"参考""点"文本框中选择一个参考平面和一个点，单击【确定】按钮，即可得到一个经过点且平行于参考面的平面。

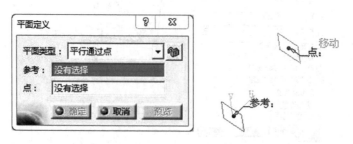

图4-19 通过"平行通过点"生成平面

3."平面的角度/法线"

单击【线框】工具栏中的【平面】工具按钮 ，弹出【平面定义】对话框，在"平面类型"下拉列表框中选择"平面的角度/法线"，如图4-20所示。

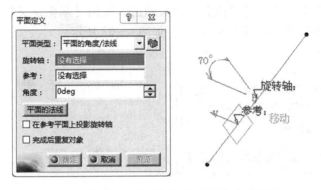

图 4-20 通过"平面的角度/法线"生成平面

依次在"旋转轴""参考"和"角度"文本框中选择旋转轴、参考平面和输入角度值，单击【确定】按钮即可完成平面的创建。

4."通过三个点"

单击【线框】工具栏中的【平面】工具按钮 ，弹出【平面定义】对话框，在"平面类型"下拉列表框中选择"通过三点"，如图4-21所示。

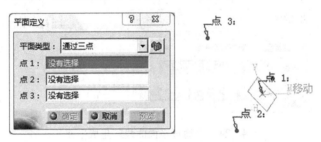

图 4-21   "通过三点"生成平面

在"点1""点2"和"点3"文本框中选取三个不同线的点，单击【确定】按钮完成创建。

5."通过两条直线"

单击【线框】工具栏中的【平面】工具按钮 ，弹出【平面定义】对话框，在"平面类型"下拉列表框中选择"通过两条直线"，如图4-22所示。

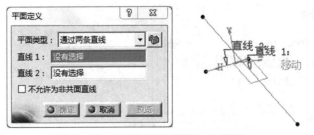

图 4-22   "通过两条直线"生成平面

分别在"直线1"和"直线2"文本框中选择两条直线，单击【确定】按钮，即可得到一个经过上述两条直线的平面。

6．"通过点和直线"

单击【线框】工具栏中的【平面】工具按钮，弹出【平面定义】对话框，在"平面类型"下拉列表框中选择"通过点和直线"，如图4-23所示。

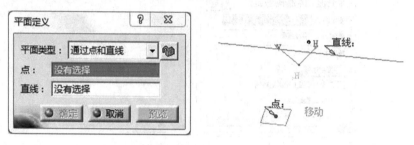

图4-23　"通过点和直线"生成平面

分别在"点"和"直线"文本框中选择一个点和一条直线，单击【确定】按钮，即可得到一个经过上述输入点和直线的平面。

7．"通过平面曲线"

单击【线框】工具栏中的【平面】工具按钮，弹出【平面定义】对话框，在"平面类型"下拉列表框中选择"通过平面曲线"，如图4-24所示。

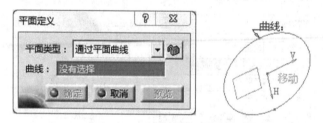

图4-24　"通过平面曲线"生成平面

在"曲线"文本框中选择一条平面曲线，单击【确定】按钮，即可得到经过给定平面曲线的一个平面。

8．"曲线的法线"

单击【线框】工具栏中的【平面】工具按钮，弹出【平面定义】对话框，在"平面类型"下拉列表框中选择"曲线的法线"，如图4-25所示。

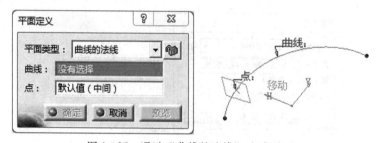

图4-25　通过"曲线的法线"生成平面

分别在"曲线"和"点"文本框选择一条曲线和一个点,单击【确定】按钮,即可得到一个平面。该面经过上述输入点且垂直于曲线在此点的切线。

9. "曲面的切线"

单击【线框】工具栏中的【平面】工具按钮 ,弹出【平面定义】对话框,在"平面类型"下拉列表框中选择"曲面的切线",如图 4-26 所示。

图 4-26　通过"曲面的切线"生成平面

分别在"曲面""点"文本框中选择一个曲面和一个点,单击【确定】按钮,即可得到一个经过输入的点且与曲面在此点相切的平面。

10. 通过"方程式"确定平面

单击【线框】工具栏中的【平面】工具按钮 ,弹出【平面定义】对话框,在"平面类型"下拉列表框中选择"方程式",如图 4-27 所示。

11. "平均通过点"确定平面

单击【线框】工具栏中的【平面】工具按钮 ,弹出【平面定义】对话框,在"平面类型"下拉列表框中选择"平均通过点",如图 4-28 所示。

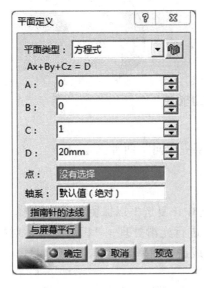

图 4-27　通过"方程式"生成平面　　图 4-28　"平均通过点"确定平面

分别在对话框的"A""B""C"和"D"文本框中输入四个参数,单击【确定】按钮,即可得到一个由方程"$Ax + By + Cz = D$"确定的平面。

通过鼠标直接选取至少三个点，即可得到所需平面。"平均通过点"表示，所建立平面一侧的所有点到这个平面的平均距离，等于位于这个平面的另一侧的所有点到这个平面的平均距离。

4.2.4 投影

单击【线框】工具栏中的【投影】工具按钮右下角的下三角按钮，展开工具栏，包含"投影""混合""反射线"三个工具按钮。如图4-29所示。

图4-29 【线框】及【投影—混合】工具栏

1. 投影曲线

单击【线框】工具栏中的【投影】工具按钮，弹出【投影定义】对话框，在"投影类型"下拉列表框中选择"法线"选项，在"投影的"文本框中选择投影的曲线，在"支撑面"文本框中选择投影支撑面，单击【确定】按钮，完成在投影面上生成一条投影曲线的创建。如图4-30所示。

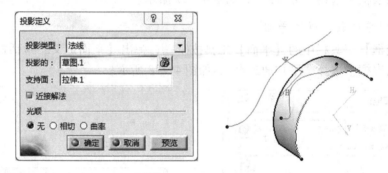

图4-30 生成投影曲线

对话框中的各选项含义如下：

➢ "投影类型"：投影类型有"法线"和"沿某一方向"两种。

➢ "投影的"：选择被投影元素。

➢ "支撑面"：选择投影的目标面。

➢ "近接解法"：当有多个可能的投影时，可选中该复选框以保留最近的投影。

➢ "光顺"：选择曲线平滑类型，"无"表示不进行光滑处理；"相切"表示对投影曲线进行切线连续处理；"曲率"表示对投影曲线进行曲率处理。

2. 混合曲线

混合曲线功能用于生成由两条曲线拉伸形成的曲面相交线。单击【线框】工具栏中的【混合】工具按钮，弹出【混合定义】对话框，在"混合曲线类型"下拉列表框中选择"法线"选项，在"曲线1"和"曲线2"文本框中分别选择两条曲线，单击【确定】按钮，完成混合曲线的创建，如图 4 – 31 所示。

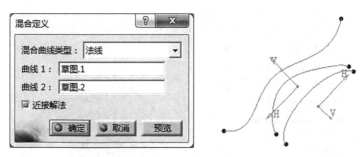

图 4 – 31　生成混合曲线

两条曲线的拉伸方向也可以自己选择。在"混合曲线类型"下拉列表框中选择"方向"选项，可以自己定义曲线的拉伸方向。

3. 反射线

【反射线】命令用于按照反射原理在支撑面上生成新的曲线。单击【线框】工具栏中的【反射线】工具按钮，弹出【反射线定义】对话框，在"支持面""方向"和"角度"文本框中分别选择相应对象和输入相应的参数，单击【确定】按钮即可得到所需的反射线。如图 4 – 32 所示。

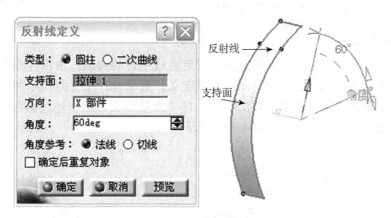

图 4 – 32　生成反射线

对话框中的各选项含义如下：

➤ "类型"："圆柱"对应于光源位于无限远位置处的反射线。

➤ "角度"：用于设置入射角和反射角之和。

➤ "角度参考"：用于定义曲线的生成方式，即反射线与支撑面形成曲线的方法，包括 "法线"和"切线"两种形式。

4.2.5　相交曲线

相交曲线功能可生成两个元素之间的相交部分，相交元素大致包括在线框元素之间、曲面之间、线框元素和一个曲面之间、曲面和实体的截交线或横截面之间等。

单击【线框】工具栏中的【相交】工具按钮，弹出【相交定义】对话框，依次选择两个元素，单击【确定】按钮，完成相交曲线的创建，如图4-33所示。

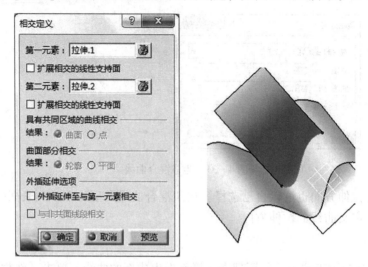

图4-33 生成相交曲线

若两条直线没有相交时，选中"扩展相交的线性支撑面"复选框可将两直线延长，创建延长线的交点；若创建两曲面相交时，选中"外插延伸至与第一元素相交"复选框，可创建将第一个曲面外插延伸时两曲面的交线。

4.2.6 平行曲线

该功能是在基础面上生成一条或多条与指定曲线平行的曲线。单击【线框】工具栏中的【平行曲线】工具按钮 ，弹出【平行曲线定义】对话框，在"曲线"和"支撑面"文本框中分别选择要进行平行的曲线和支撑面，在"常量"文本框中输入偏移值，单击【确定】按钮，完成平行曲线创建，如图4-34所示。

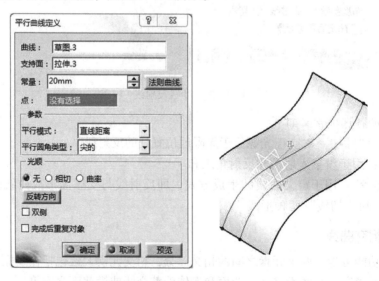

图4-34 生成平行曲线

【平行曲线定义】对话框中"参数"选项组中各选项含义如下：

（1）"平行模式""直线距离"表示两平行线之间的距离为最短的曲线，而不考虑支撑面；"测地距离"表示两平行线之间的距离为最短的曲线，考虑支撑面。

（2）"平行圆角类型""尖的"表示平行曲线与参考曲线的角特征相同。"圆的"表示平行曲线在角上以圆角过渡，该方式偏移距离为常数。

4.2.7　二次曲线

单击【线框】工具栏中的【圆】工具按钮右下角的下三角按钮，展开工具栏，包含"圆""圆角""连接曲线"和"二次曲线"四个工具按钮，如图4-35所示。

图 4-35　【线框】及【圆-圆锥】工具栏

1. 圆

圆或圆弧是最基本的曲线，CATIA V5 中空间圆或圆弧的创建方法有："中心和半径""中心和点""两点和半径""三点""中心和轴线""双切线和半径""双切线和点""三切线"和"中心和切线"。圆的创建方法基本与草图中圆的绘制相同，需要注意的是要选择面，而草图本身就已经定位在一个二维平面上。

单击【线框】工具栏中的【圆】工具按钮，弹出【圆定义】对话框，如图 4-36所示。

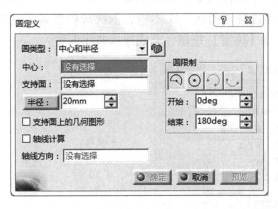

图 4-36　【圆定义】对话框

在"圆类型"下拉列表框中选择所需选项。在"圆限制"选项组中选择创建圆的类型。【部分弧】工具按钮为非整圆模式，此时在"开始""结束"文本框内设定起始与终止角度；【全圆】工具按钮为整圆模式。若选中"支撑面上的几何图形"复选框，则创建的圆为支撑曲面的投影。单击【确定】按钮完成创建。

2．圆角

该功能用于在空间曲线、直线及点等几何元素上建立平面或空间的过渡圆角。单击【线框】工具栏中的【圆角】工具按钮 ，弹出【圆角定义】对话框。在"圆角类型"下拉列表框中选择"3D 圆角"选项，在"元素 1"和"元素 2"文本框中依次选择倒圆角的两条曲线，在"半径"文本框中输入圆角半径值，单击【确定】按钮，完成圆角创建，如图 4-37 所示。

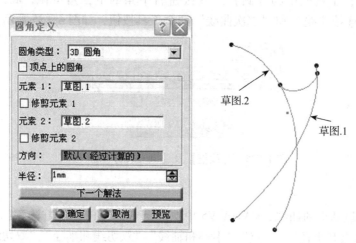

图 4-37　生成 3D 圆角

3．连接曲线

该功能用于生成与两条曲线连接的曲线，可以控制连接点处的连续性。单击【线框】工具栏中的【连接曲线】图标按钮 ，弹出如图 4-38 所示的【连接曲线定义】对话框。选择两条曲线分别填入各自的"曲线"文本框，依次选择两条曲线上的两个连接点填入各自的"点"文本框，单击【确定】按钮，完成连接曲线创建。

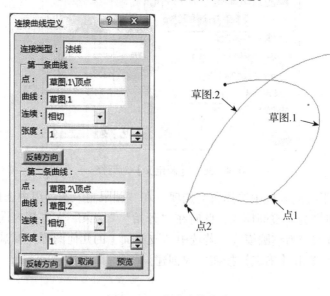

图 4-38　生成连接曲线

"张度"用于定义连接曲线在某种连接方式下的张度情况,【反转方向】按钮可以改变连接曲线的张度方向。

4. 二次曲线

单击【线框】工具栏中的【二次曲线】工具按钮，弹出【二次曲线定义】对话框,如图4-39所示。

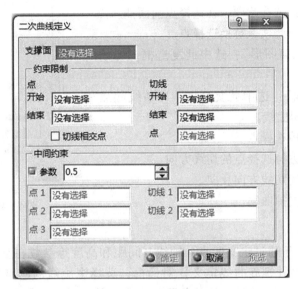

图4-39 "二次曲线"对话框

对话框中相关选项含义如下:

➤ "支撑面":用于设置生成曲线所在的平面。

➤ "点":用于设置二次曲线起点和终点。

➤ "切线":用于设置二次曲线的切线。如果需要,可以选择一条直线来定义起点或终点的切线。

➤ "切线相交点":用于定义起点切线和终点切线的点,在穿过点或终点和选定的点的虚拟直线上创建这些切线。

➤ "参数":用于决定二次曲线的类型。若参数值为0.5,则二次曲线为抛物线;若参数的值为0~0.5,则二次曲线为椭圆弧;若参数的值为0.5~1,则二次曲线为双曲线。

4.2.8 创建曲线

单击【线框】工具栏中的【样条线】工具按钮右下角的下三角按钮,展开工具栏,包含【样条线】、【螺旋线】、【螺线】、【脊线】和【等参数曲线】五个工具按钮,如图4-40所示。

图4-40 【线框】及【曲线】工具栏

1. 样条线

【样条线】命令用于通过一系列控制点来创建样条曲线。单击该命令按钮，弹出【样条定义】对话框，如图 4 - 41 所示。在列表框内连续输入点或者切线方向，即可生成一条样条曲线。

【样条定义】对话框中部分选项含义如下：

➢ "点添加于后"：选择此项，在选择点后插入点。

➢ "点添加于前"：选择此项，在选择点前面插入点。

➢ "替换点"：选择此项，替换选择点。

➢ "支撑面上的几何图形"：选中此复选框，样条曲
线投影到基础面上。

➢ "关闭样条曲线"：选中此复选框，样条线起点和
终点连接起来形成封闭曲线。

➢ "移除点"：去掉选择点。

➢ "移除相切"：去掉选择点的切线方向。

➢ "反转相切"：使切线方向反向。

➢ "移除曲率"：去掉曲率。

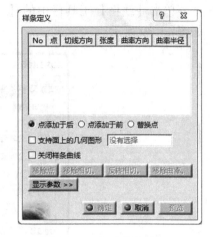

图 4 - 41　生成样条线

2. 螺旋线

【螺旋线】命令用于通过定义起点、轴线、间距和高度等参数在空间建立一条螺旋线。单击该命令按钮，弹出【螺旋曲线定义】对话框，选择螺旋线的起点和轴线，在"间距"和"高度"文本框中分别输入螺旋线的节距和高度，单击【确定】按钮，完成螺旋线的创建，如图 4 - 42 所示。

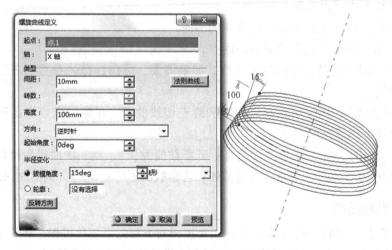

图 4 - 42　生成螺旋线

3. 螺线

【螺线】命令用于通过中心点和参考方向在支撑面上创建二维曲线。单击该命令按钮，弹出【螺线定义】对话框，在"支撑面"文本框中选择螺线所在的平面，在"中心点"文本框中选择一点作为螺旋中心，在"参考方向"文本框中选择螺线的起始旋转方向，

分别设置"起点半径""终止角度""转数"和"终点半径"等参数,单击【确定】按钮,完成螺线的创建,如图 4-43 所示。

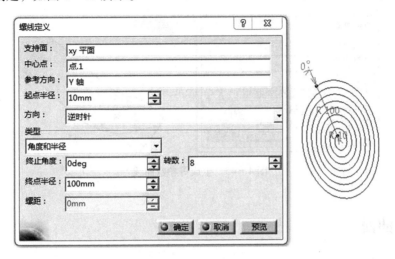

图 4-43 生成螺线

4. 脊线

【脊线】命令用于创建垂直于一系列平面的曲线。在扫描、放样或曲面倒角时会用到脊线。生成脊线的方式有两种;输入一组平面,使得所有输入平面都是此脊线的法面;输入一组引导线,使得脊线的法面垂直于所有的引导线。单击该命令按钮 ,弹出【脊线定义】对话框,如图 4-44 所示。

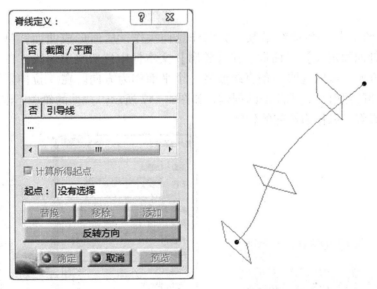

图 4-44 生成脊线

顶部的列表框用于输入一组平面;中部的列表框,用于输入一组引导线。

5. 等参数曲线

【等参数曲线】命令,是指通过定义曲线的方向和指定曲面上参数相等的点创建曲线。

单击该命令按钮🔲，弹出【等参数曲线】对话框，选择曲面作为支撑面，选择点作为曲线通过点，单击【确定】按钮，完成等参数曲线的创建。如图 4-45 所示。

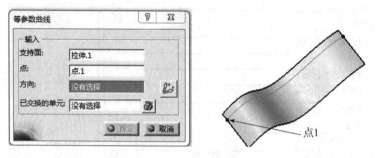

图 4-45　生成等参数曲线

4.3　生成曲面

　　线框结构与创建曲面两种工具是相互的，复杂的线框结构需要有曲面的辅助才能完成，而曲面也需要以线框结构为基础建立。创成式曲面设计工作台提供了多种曲面造型功能，如拉伸、偏移、扫掠、填充、多截面曲面和桥接等。下面将逐一介绍。

4.3.1　创建拉伸曲面

　　单击【曲面】工具栏中的【拉伸】工具按钮右下角的下三角按钮，展开工具栏，包含【拉伸曲面】、【旋转】、【球面】和"圆柱面"四个工具按钮，如图 4-46 所示。

　　1. 拉伸

　　【拉伸】命令，将一条曲线沿某一方向作延伸操作，从而形成曲面。单击该命令按钮🔲，弹出【拉伸曲面定义】对话框，在【轮廓】文本框中选取轮廓曲线，在"方向"文本框中选取拉伸方向，可以选取一条直线或者一个平面作为方向。在"拉伸限制"选项组输入曲线两侧拉伸的数值，完成曲面的创建，如图 4-47 所示。拉伸的轮廓不限定为曲线，任何一个几何元素都可以作为拉伸的轮廓。

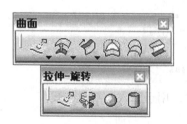

图 4-46　【拉伸-旋转】及
【曲面】工具栏

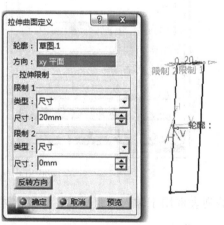

图 4-47　生成拉伸曲面

2. 旋转

【旋转】命令，将草图和曲线等围绕某一个旋转轴旋转形成一个旋转曲面。单击该命令按钮 ，弹出【旋转曲面定义】对话框，选择旋转截面和旋转轴，设置旋转角度后，单击【确定】按钮，完成旋转曲面创建。如图4-48所示。

图4-48 生成旋转曲面

3. 球面

单击该命令按钮 ，弹出【球面曲面定义】对话框，在"中心"文本框中选择一点作为球心，输入球面半径，设置经线和纬线角度后，单击【确定】按钮，完成球面曲面的创建。如图4-49所示。

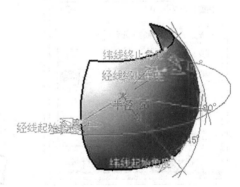

图4-49 生成球面

单击"球面限制"选项组的【通过制定角度创建球面】按钮 即生成球冠；单击"球面限制"选项组的【创建完整球面】按钮 即生成球面。

4. 圆柱面

单击该命令按钮 ，弹出【圆柱曲面定义】对话框，在"点"文本框中选择一点作为圆柱面轴线点，在"方向"文本框中选择直线作为轴线，设置半径和长度后，单击【确定】按钮，完成圆柱曲面的创建。如图4-50所示。

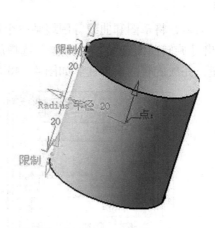

图 4-50　生成圆柱面

4.3.2　偏移

　　【曲面偏移】命令，可以让曲面沿着其法向量偏移，并建立新的曲面。单击【曲面】工具栏中的【偏移】工具按钮，弹出【偏移曲面定义】对话框，选取需偏移的曲面填入"曲面"文本框中；在"偏移"文本框中输入偏移的距离，单击【确定】按钮，即可完成偏移曲面的创建。如图 4-51 所示。

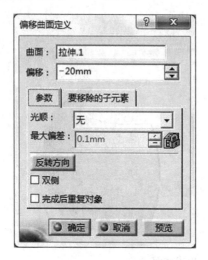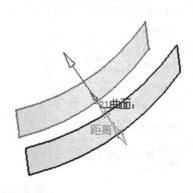

图 4-51　生成偏移曲面

　　单击【反转方向】按钮改变曲线偏移方向；选中"双侧"复选项，可创建两个偏移曲面，分别在原始曲面的两侧；选中"完成后重复对象"复选项，可创建多个偏移曲面。另外，根据曲面外形，若输入的偏移距离过大，将导致曲面不能偏移，系统将弹出一个错误警告对话框，此时，需将偏移距离减小。

4.3.3　扫掠

　　【扫掠】命令，可把轮廓线沿着一条空间曲线扫掠成曲面。在创建较复杂扫掠曲面的时候，需引入引导线和一些相关元素。根据轮廓类型可以分为"显示""直线""圆"和"二次曲线" 4 种，如图 4 - 52 所示。

图 4 - 52　扫掠类型

单击【曲面】工具栏中的【扫掠】工具按钮，弹出【扫掠曲面定义】对话框，如图 4 - 53 所示。

1. 显示扫掠

【显示扫掠】命令是指将一个轮廓沿着一条引导线生成曲面，截面线可以是已有的任意曲线，也可以是规则曲线，如直线和圆弧等。

（1）"使用参考曲面"　单击【曲面】工具栏中的【扫掠】工具按钮，弹出【扫掠曲面定义】对话框，如图 4 - 53 所示。在"轮廓类型"中选择【显示】图标，在"子类型"下拉列表框中选择"使用参考曲面"选项，选择一条曲线作为轮廓，选择一条曲线作为引导曲线，单击【确定】按钮，完成扫掠曲面创建。如图 4 - 54 所示。

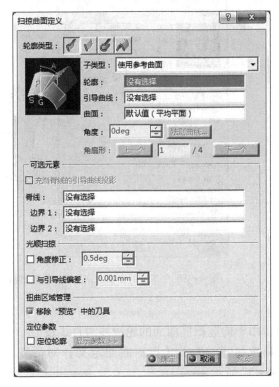

图 4 - 53　【扫掠曲面定义】对话框

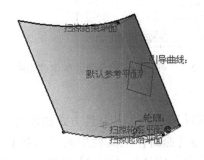

图 4 - 54　"使用参考曲面"生成扫掠曲面

对话框中的"曲面"用于控制轮廓曲线在扫描过程中的位置。默认用脊线控制，如果选择了参考曲面，则用参考曲面控制。但该面必须包含引导曲线，即引导曲线必须落在此曲面上。默认情况下的脊线为第一条引导线。

（2）"使用两条引导曲线"　单击【曲面】工具栏中的【扫掠】工具按钮，弹出【扫掠曲面定义】对话框，在"轮廓类型"中选择【显示】图标，在"子类型"下拉列表框中选择"使用两条引导曲线"选项，在"轮廓""引导曲线1"和"引导曲线2"文本框中分别选取轮廓曲线及两条引导曲线。在"定位类型"下拉列表框中选择"两个点"选项，分别选择两个点作为定位点，单击【确定】按钮，完成曲面创建，如图4-55所示。

对话框中"定位类型"的定位是指对截面线进行定位，因为截面线需与两条引导线相交，所以要对截面线进行定位。"两个点"是选择截面线上的两个点，并自动匹配到两条引导曲线上。

（3）"使用拔模方向"　单击【曲面】工具栏中的【扫掠】工具按钮，弹出【扫掠曲面定义】对话框，在"轮廓类型"中选择【显示】图标，在"子类型"下拉列表框中选择"使用拔模方向"选项，其生成曲面的方法基本与"使用参考平面"类似。若选取一平面作为方向填入"方向"文本框中，则其方向为该平面的法向量。如图4-56所示。

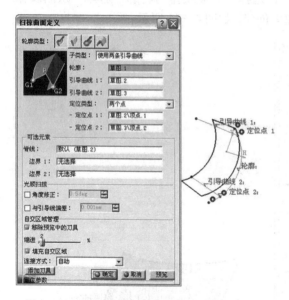

图4-55　"使用两条引导曲线"生成扫掠曲面

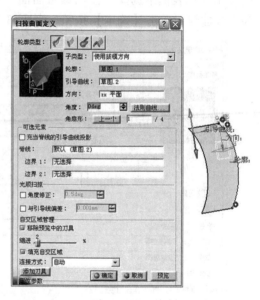

图4-56　"使用拔模方向"生成扫掠曲面

2. 直线扫掠

直线扫掠是指利用线性方式扫描直纹面，用于构造扫描曲面的轮廓线为直线段。

单击【曲面】工具栏中的【扫掠】工具按钮，弹出【扫掠曲面定义】对话框，在"轮廓类型"中选择【直线】图标。如图4-57所示。

图4-57　选择直线扫掠

（1）"两极限"　该方式是指利用两条极限线创建扫描曲面。单击【曲面】工具栏中的【扫掠】工具按钮 ，弹出【扫掠曲面定义】对话框，在"轮廓类型"中选择【直线】图标 ，在"子类型"下拉列表框中选择"两极限"选项，选取两条引导曲线分别填入"引导曲线 1"和"引导曲线 2"文本框中。选取脊线填入"脊线"文本框中，该选项可控制扫描曲面左右延伸的极限位置。分别在"长度 1"和"长度 2"文本框中输入相对第一条和第二条引导线伸出的长度，单击【确定】按钮，完成曲面创建。如图 4-58 所示。

（2）"极限和中间"　该方式需要指定两条引导线，系统将第二条引导线作为扫描曲面的中间曲线。单击【曲面】工具栏中的【扫掠】工具按钮 ，弹出【扫掠曲面定义】对话框，在"轮廓类型"中选择【直线】图标 ，在"子类型"下拉列表框中选择"极限和中间"选项，选取两条引导曲线分别填入"引导曲线 1"和"引导曲线 2"文本框中，系统将第二条引导线作为扫描的中间曲线，单击【确定】按钮，完成曲面创建。如图 4-59 所示。

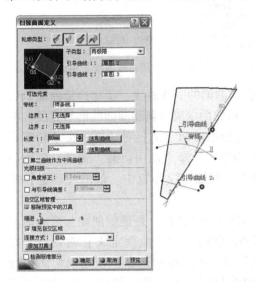

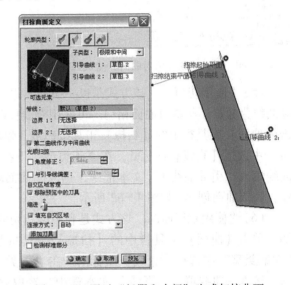

图 4-58　通过"两极限"生成扫掠曲面　　　图 4-59　通过"极限和中间"生成扫掠曲面

（3）"使用参考曲面"　该方式是利用参考曲面及引导曲线创建扫描曲面。单击【曲面】工具栏中的【扫掠】工具按钮 ，弹出【扫掠曲面定义】对话框，在"轮廓类型"中选择【直线】图标 ，在"子类型"下拉列表框中选择"使用参考曲面"选项。选取一条引导曲线填入"引导曲线 1"文本框中，选取参考曲面填入"参考曲面"文本框中，引导线必须完全在参考曲面上，分别在"长度 1"和"长度 2"文本框中填入延伸长度。单击【确定】按钮，完成曲面创建。如图 4-60 所示。

（4）"使用参考曲线"　该方式是利用一条引导线和一条参考曲线创建扫掠曲面，新建的曲面以引导曲线为起点沿参考曲线向两边延伸。单击【曲面】工具栏中的【扫掠】工具按钮 ，弹出【扫掠曲面定义】对话框，在"轮廓类型"中选择【直线】图标 ，在"子类型"下拉列表框中选择"使用参考曲线"选项。选取引导曲线及参考曲线填入"引导曲线 1"和"参考曲线"文本框中，在"角度"文本框中指定新曲面与参考曲线的夹角，分别在"长度 1"和"长度 2"文本框中输入延伸长度，单击【确定】按钮，完成曲面创建。如图 4-61 所示。

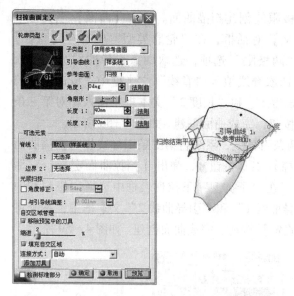

图 4-60 通过"使用参考曲面"生成扫掠曲面

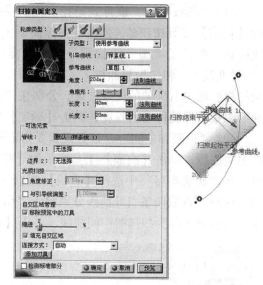

图 4-61 通过"使用参考曲线"生成扫掠曲面

（5）"使用切面" 该方式是以一条曲线作为扫描曲面的引导曲线，新建扫描曲面以引导曲线为起点，与参考曲面相切。可使用脊线控制扫描曲面以决定新建曲面的前后宽度。单击【曲面】工具栏中的【扫掠】工具按钮，弹出【扫掠曲面定义】对话框，在"轮廓类型"中选择【直线】图标，在"子类型"下拉列表框中选择"使用切面"选项。选取一曲线填入"引导曲线 1"文本框中，选取一曲面填入"切面"文本框中。单击【确定】按钮，完成曲面创建。如图 4-62 所示。

（6）"使用双切面" 该方式是利用两相切曲面创建扫描曲面，新建的曲面与两曲面相切。单击【曲面】工具栏中的【扫掠】工具按钮，弹出【扫掠曲面定义】对话框，在"轮廓类型"中选择【直线】图标，在"子类型"下拉列表框中选择"使用双切面"选项。选取一曲线填入"脊线"文本框中，选取两曲面分别填入"第一切面"和"第二切面"文本框中。单击【确定】按钮，完成曲面创建。如图 4-63 所示。

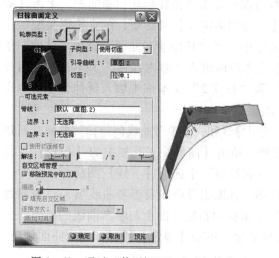

图 4-62 通过"使用切面"生成扫掠曲面

图 4-63 通过"使用双切面"生成扫掠曲面

3. 圆扫掠

圆扫掠是利用几何元素建立圆或圆弧，再将圆弧作为引导曲线扫描出曲面。单击【曲面】工具栏中的【扫掠】工具按钮 ，弹出【扫掠曲面定义】对话框，在"轮廓类型"中选择【圆】图标 。如图 4-64 所示。

图 4-64　选择圆扫掠

（1）"三条引导线"　该方式是指利用三条引导线扫描出圆弧曲面，即在扫描的每一个断面上的轮廓圆弧，为三条引导曲线在该断面上的三个点确定的圆。单击【曲面】工具栏中的【扫掠】工具按钮 ，弹出【扫掠曲面定义】对话框，在"轮廓类型"中选择【圆】图标 ，在"子类型"下拉列表框中选择"三条引导线"选项。选取三条曲线分别填入"引导曲线 1""引导曲线 2"和"引导曲线 3"文本框中。选取脊线，单击【确定】按钮，完成曲面的创建。如图 4-65 所示。

（2）"两个点和半径"　该方式是利用两点与半径生成圆的原理创建扫描轮廓，再将轮廓扫描成圆弧曲面。单击【曲面】工具栏中的【扫掠】工具按钮 ，弹出【扫掠曲面定义】对话框，在"轮廓类型"中选择【圆】图标 ，在"子类型"下拉列表框中选择"两个点和半径"选项。选取两条引导曲线分别填入"引导曲线 1"和"引导曲线 2"文本框中，在"半径"文本框中输入半径值，或单击【法则曲线】按钮确定半径的变化规则。选取脊线。单击【确定】按钮，完成曲面的创建。在该方式下会有多组解满足要求，用户可以根据需要选择合适的解。如图 4-66 所示。

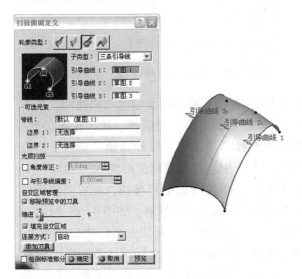

图 4-65　通过"三条引导线"生成扫掠曲面

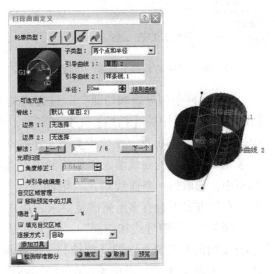

图 4-66　通过"两个点和半径"生成扫掠曲面

（3）"中心和两个角度"　该方式是利用中心线和参考曲面创建扫描曲面，即利用圆心和圆上一点创建圆的原理创建扫描曲面。单击【曲面】工具栏中的【扫掠】工具按钮 ，弹出【扫掠曲面定义】对话框，在"轮廓类型"中选择【圆】图标，在"子类型"下拉列表框中选择"中心和两个角度"选项。选取一曲线作为中心曲线填入"中心曲线"文本框中，选取一曲线作为参考曲线填入"参考曲线"文本框中，在"角度1"和"角度2"文本框中输入圆弧角度值，或单击【法则曲线】按钮定义角度变化规则。单击【确定】按钮，完成曲面的创建。如图4-67所示。

（4）圆心和半径　该方式是利用中心和半径创建扫描曲面。单击【曲面】工具栏中的【扫掠】工具按钮，弹出【扫掠曲面定义】对话框，在"轮廓类型"中选择【圆】图标，在"子类型"下拉列表框中选择"圆心和半径"选项。选取一曲线作为中心曲线填入"中心曲线"文本框中，在"半径"文本框中输入半径值，或单击【法则曲线】按钮定义半径变化规则。单击【确定】按钮，完成曲面的创建。如图4-68所示。

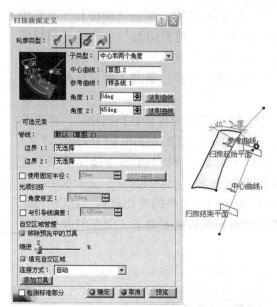

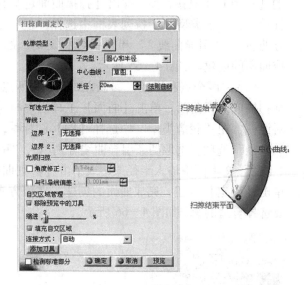

图4-67　通过"中心和两个角度"生成扫掠曲面　　　　图4-68　通过"圆心和半径"生成扫掠曲面

（5）"两条引导线和切面"　该方式是利用两条引导曲线和相切面创建扫描曲面。单击【曲面】工具栏中的【扫掠】工具按钮，弹出【扫掠曲面定义】对话框，在"轮廓类型"中选择【圆】图标，在"子类型"下拉列表框中选择"两条引导线和切面"选项。选取一条相切曲面上的曲线填入"相切的限制曲线"文本框中，选取相切曲面填入"切面"文本框中，选取另一条曲线填入"限制曲线"文本框中，单击【确定】按钮，完成曲面的创建。在该方式下会有多组解满足要求，用户可以根据需要选择合适的解。如图4-69所示。

（6）"一条引导线和切面"　该方式是利用一条引导线和一个相切曲面创建扫描曲面。单击【曲面】工具栏中的【扫掠】工具按钮，弹出【扫掠曲面定义】对话框，在"轮廓类型"中选择【圆】图标，在"子类型"下拉列表框中选择"一条引导线和切面"选项。选取一条曲线作为引导曲线填入"引导曲线1"文本框中，选取一曲面作为相切面填入"切面"文本框中，在"半径"文本框中输入半径值，或单击【法则曲线】按钮定义半径变化规则。单击【确定】按钮，完成曲面的创建。在该方式下会有多组解满足要求，用户可以根据需要选择合适的解。如图 4-70 所示。

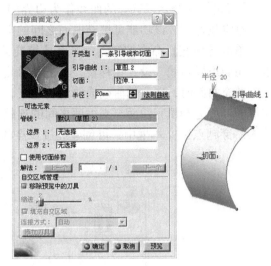

图 4-69 通过"两条引导线和切面"生成扫掠曲面　　　图 4-70 通过"一条引导线和切面"生成扫掠曲面

4. 二次曲线扫掠

二次曲线扫掠是利用约束创建圆锥曲线轮廓，然后沿指定方向延伸而生成曲面。单击【曲面】工具栏中的【扫掠】工具按钮，弹出【扫掠曲面定义】对话框，在"轮廓类型"中选择【二次曲线】图标。如图 4-71 所示。

图 4-71 选择二次曲线扫掠

在"子类型"下拉列表框中选择"两条引导线"选项。选取两条引导曲线，分别填入"引导曲线 1"和"结束引导曲线"文本框中，并分别选取两引导曲线的相切支撑曲面填入各自的"相切"文本框中，根据情况可在各自的"角度"文本框中填入与支撑面的相切角度，在"参数"文本框中输入参数，单击【确定】按钮，完成曲面的创建。如图 4-72 所示。

除了可以使用"两条引导曲线"生成扫掠曲面外，还可以使用三条、四条和五条引导曲线几种方式，操作方法基本一致，此处就不一一讲述了。

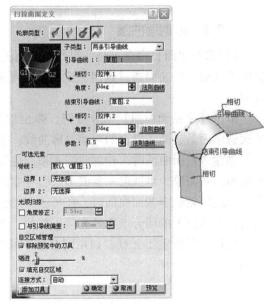

图 4-72 通过"两条引导曲线"生成扫掠曲面

4.3.4 填充

【填充】命令是以选择的曲线作为边界围成一个曲面。在构建曲面时，往往各个曲面之间会有空隙存在，该功能可填充曲面之间的空隙，也可以填充曲线之间的空隙。

单击【填充】命令按钮 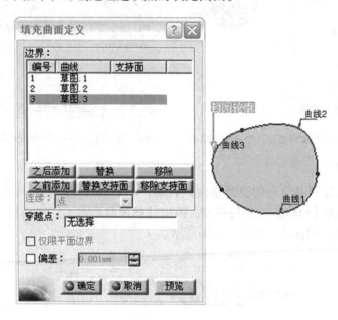，弹出【填充曲面定义】对话框，如图 4 - 73 所示。选择一组封闭的边界曲线，设置偏移量，单击【确定】按钮，完成填充曲面的创建。

填充曲面时，选取的曲线或曲面的连线，要形成一个封闭的边界线。用户可定义曲线的支撑面，可选择填充曲面与支撑面之间的连接关系："点""相切"和"曲率"。选取一点填入"穿越点"文本框中，可创建经过该点的填充曲面。

图 4 - 73 生成填充曲面

4.3.5 多截面曲面

【多截面曲面】命令可将一组作为截面的曲线，沿着一条选择或系统自动指定的脊线扫掠生成曲面，该曲面通过这组截面线。如果指定一组引导线，那么生成的曲面还受引导线控制。

单击【多截面曲面】命令按钮，弹出如图 4 - 74 所示的【多截面曲面定义】对话框，依次选取两条或两条以上的截面轮廓曲线，单击【确定】按钮完成曲面的创建。

创建多截面曲面时，轮廓曲线必须点连续，也可为起始轮廓曲线和终止轮廓曲线选取切向曲面。若需要，可选取一条或多条引导线，引导曲线必须与每个轮廓曲线相交。当在闭合曲线之间创建多截面曲面时，在每一个闭合轮廓线上都有一个闭合点，默认情况下创建曲面时，各曲面上的闭合点都是直接连接的。系统默认的闭合点为曲线上的极值点或定点，用户也可以任意指定闭合点。如果闭合点不相符时会产生曲面扭曲，该情况下要重新创建闭合点。

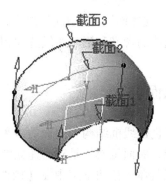

图 4 - 74　生成多截面曲面

4.3.6　桥接曲面

【桥接曲面】命令用于在两个曲面或曲线之间建立一个曲面，并且可以控制连接端两曲面的连续性。单击该命令按钮，弹出【桥接曲面定义】对话框，依次选取"第一曲线""第一支撑面""第二曲线"和"第二支撑面"，设置连续条件，单击【确定】按钮，完成桥接曲面的创建。如图 4 - 75 所示。

图 4 - 75　生成桥接曲面

对话框中部分选项含义如下：

➤ "第一曲线"：输入第一曲线。

➤ "第一支撑面"：输入第一条曲线的支撑面，包含第一曲线。

➤ "第二曲线"：输入第二曲线。

➤ "第二支撑面"：输入第二条曲线的支撑面，包含第二曲线。

➤ "第一连续"：选择第一曲线和支撑面的连续性，包括"点连续"、"切线连续"和"曲率连续"三种形式。

➤ "修剪第一支撑面"：选中此复选框，用桥接的曲面剪切支撑面。

第二曲线选项的含义和第一曲线选项相同。

4.4 编辑曲面

前面介绍了创建线框结构和曲面的各种命令。CATIA V5 还提供了强大的曲线、曲面的编辑功能。曲线、曲面编辑，是对已建立的曲线、曲面进行裁剪、连接、修补、曲面倒圆角等操作，所有工具命令按钮都集中在【操作】工具栏中。下面分别介绍相关命令的应用。

4.4.1 合并曲面

单击【操作】工具栏，单击其中【接合】工具按钮右小角的下三角按钮，展开工具条，包含【接合】、【修复】和【曲面光顺】等工具按钮，如图 4-76 所示。

图 4-76   【操作】及【接合-修复】工具栏

1. 接合

【接合】命令可将两个或者两个以上的曲线/曲面合并成一个曲线/曲面。单击【操作】工具栏的【接合】工具按钮 ，弹出【接合定义】对话框，依次选择一组曲线或曲面，单击【确定】按钮，完成接合操作。如图 4-77 所示。

激活"要接合的元素"选项列表：当用户选取的元素未在接合元素列表中时，该元素即加入到该列表中；当选取的元素已在接合元素列表中时，该元素从合并元素列表中删除。

【添加模式】按钮：在选取一个元素后，该按钮便会自动弹起。当用户选取的元素在合并元素列表中没有，则该元素被加入到表中；若已经有了，该元素也不会从列表中删除。

【移除模式】按钮：在选取一个元素后，该按钮便会自动弹起。当用户选取的元素在合并元素列表中已有，则该元素被从列表中删除；若没有，该列表不发生变化。

注意：双击【移除模式】按钮，可一直保持该选项，直到选择另外一个选项或再次单击该选项，选项不再继续保持。

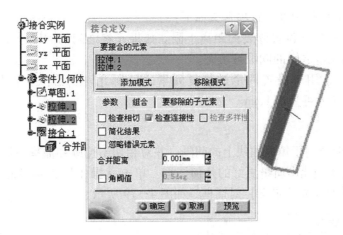

图 4-77 生成接合曲面

对话框中各选项含义如下：

➢ "检查相切"：检查接合的元素是否相切，若不相切，则弹出错误信息。

➢ "检查连接性"：检查接合元素是否连通。若不相通，则弹出错误信息，且自由连接将被亮显，以便让用户知道不连通的位置。

➢ "检查多样性"：检查接合是否生成多个结果。该选项只有在接合曲线时有效，选中该复选框，将自动选中"检查连续性"复选框。

➢ "简化结果"：将使程序在可能的情况下，减少生成元素的数量。

➢ "忽略错误元素"：将使程序忽略那些不允许接合的元素。

➢ "合并距离"：设置两个元素接合时所能允许的最大距离。

➢ "角阈值"：设置两个元素接合时所允许的最大角度。如果棱边的角度大于设置值，元素将不能被接合。

2. 修复

【修复】命令用于填充两个曲面之间出现的间隙，在曲面连接检查后或曲面合并后存在微小缝隙的情况下使用。单击【操作】工具栏的【修复】工具按钮，弹出如图 4-78 所示的【修复定义】对话框，依次选择要修复的曲面，设置修复条件，单击【确定】按钮完成修复操作。

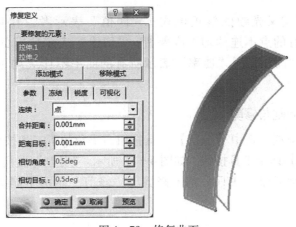

图 4-78 修复曲面

【修复定义】对话框中部分选项含义如下：

➤ "合并距离"：用于设置修复的距离上限。如果元素之间的间隔小于该距离，则元素被修复，即元素之间的间隙被填充。

➤ "距离目标"：用于设置两个被修复元素之间所允许的最大间隔距离。默认值为0.001mm，最大可为0.1mm。

3．曲线光顺

【曲线光顺】命令用于填充曲线上的间隔，并对相切不连续和曲率不连续的地方进行光顺，以便使用该曲线创建出质量更好的几何图形。单击【操作】工具栏的【曲线光顺】工具按钮⑤，弹出【曲线光顺定义】对话框，如图 4-79 所示。

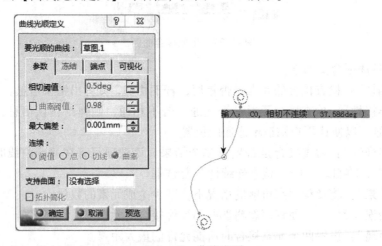

图 4-79　曲线光顺

对于选定的需要光顺的曲线，此时曲线上将在不连续点显示不连续类型和数值，用户可以设置光顺参数。【曲线光顺定义】对话框中"参数"选项卡中选项含义如下：

➤ "相切阈值"：用于设置一个相切不连续的值。如果曲线上的相切不连续小于该值，会对曲线进行光顺，否则，不进行光顺处理。

➤ "曲率阈值"：用于设置一个曲率不连续值，曲线的曲率大于该值时会对曲线进行光顺。

➤ "连续"：用于定义光顺的修正模式。"阈值"表示考虑相切阈值和曲率阈值；"点"表示所有的点不连续均不应保留；"切线"表示所有的相切不连续均不应保留，不考虑相切阈值；"曲率"表示所有的曲率不连续均不应保留，不考虑曲率阈值。

4.4.2　曲面的分割与修剪

单击【操作】工具栏，选中【分割】工具按钮右下角的下三角按钮，展开工具栏，包含【分割】和【修剪】两个工具按钮。如图 4-80 所示。"分割"是用其他元素对一个元素进行修剪，它可以修剪元素，或只分割不修剪。"修剪"是两个同类元素之间相互进行裁剪。

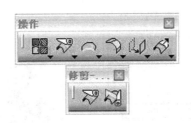

图 4-80　【分割】和【修剪】工具按钮

1. 分割

【分割】命令用于分割曲线或曲面。可分为：曲线被点、曲线或曲面分割；曲面被曲线或曲面分割。单击【操作】工具栏的【分割】工具按钮🗝，弹出【分割定义】对话框，选择需要被分割的曲线或曲面，然后选择曲线或曲面作为切除元素，单击【确定】按钮，完成分割操作。如图 4-81 所示。

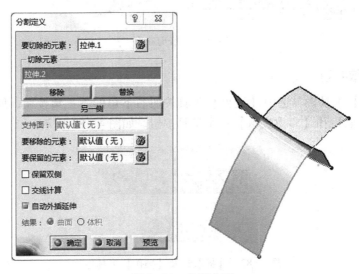

图 4-81　分割曲面

当用一个线元素去切割线元素时，可以选择一个支撑面定义要保留的部分，要保留的部分是支撑面的法线向量与切割元素切向方向的向量积所在的方向。当切割封闭元素时，建议使用此方法。如果选中"保留双侧"复选框，表示被分割的元素在分割边界两边都被保留；如果选中"交线计算"复选框，计算分割元素于分割边界，并显示出来。

2. 修剪

【修剪】命令用于相互修剪两个曲面或曲线。单击【修剪】按钮🗝，弹出【修剪定义】对话框，选择需要修剪的两个曲线或曲面，单击【确定】按钮完成修剪操作，如图 4-82 所示。

当用线元素进行修剪时，可以使用支撑面来定义修剪后剩余的部分。要保留的部分为支撑面的法线向量与修剪元素切向方向的向量积所在的方向。当修剪封闭线元素时，建议使用此方法。单击曲线或曲面部位是曲线将要保留的部分，如果要保留部位不对，可单击【另一侧/下一元素】按钮进行改变。

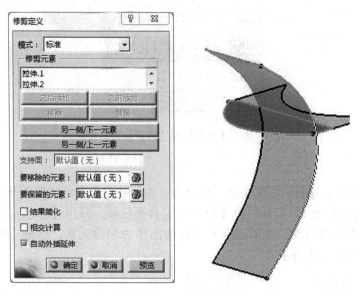

图 4-82　修剪曲面

4.4.3　提取曲面

单击【操作】工具栏，选中【边界】工具按钮右下角的下三角按钮，展开工具条，包含【边界】、【提取】和【多重提取】三个工具按钮。如图 4-83 所示。

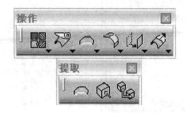

图 4-83　【提取】及【操作】工具栏

1. 边界

【边界】命令用于将曲面的边界单独生成出来作为几何图形。单击【边界】工具按钮 ⌒，弹出【边界定义】对话框，单击"拓展类型"右侧的下三角按钮，在下拉列表框中选择延伸类型。如图 4-84 所示。延伸类型共有四种：

图 4-84　【边界定义】对话框

1）"完整边界"：曲面所有的边界都会被选取，如图 4 - 85 所示。

2）"点连续"：该类型为 CATIA 的默认值，选择的边界是曲面周围的棱边，直到不连续点。如图 4 - 86 所示。从图中可以看出，与外棱边不连续的内圆线将不被选取上。

图 4 - 85　提取"完整边界"　　图 4 - 86　提取"点连续"边界

3）"切线连续"：选择的边界是曲面周围的棱边，直到切线不连续点，如图 4 - 87 所示。从图中可以看出，与所选线有切线连续性的边线都会被选取。

4）"无拓展"：仅是指定的边界，不包括其他部分，如图 4 - 88 所示。若选择的是一整个曲面而非曲面的边线，则系统会将曲面边线设定为曲面的全部边界。

图 4 - 87　提取"切线连续"边界　　图 4 - 88　提取"无拓展"边界

可以利用"限制 1"和"限制 2"重新定义曲线的起点和终点。但是，"限制 1"和"限制 2"中选择的点必须是两曲线的交点。

2. 提取

【提取】命令用于从多个元素中提取出一个或几个元素。可以提取点、线、面等类型元素。单击【提取】工具按钮，弹出【提取定义】对话框，单击"拓展类型"右侧的下三角按钮，在下拉列表中有四种拓展类型，"点连续""切线连续""曲率连续"和"无拓展"。如图 4 - 89 所示。

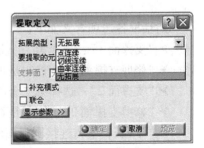

图 4 - 89　【提取定义】对话框

"拓展类型"各选项含义基本类似于【边界定义】对话框中"拓展类型"各选项含义。如果选中"补充模式"复选项，则没有选中的选项将被选取，而被选中的选项则不被提取出来。

3. 多重提取

【多重提取】命令用于将图形的基本几何元素提取出来，如曲面、曲线和点等。它与【提取】命令的不同在于，一次可以提取多个元素。

4.4.4　曲面圆角

单击【操作】工具栏，选中【简单圆角】工具按钮右下角的下三角按钮，展开工具栏，包含【简单圆角】、【倒圆角】、【可变半径圆角】和【面与面的圆角】等工具按钮。如图4-90所示。

图4-90　曲面圆角类型

1. 简单圆角

【简单圆角】命令用于对两个曲面进行倒圆角。单击【简单圆角】工具按钮，弹出如图4-91所示的【圆角定义】对话框。在"圆角类型"下拉列表框中选择圆角类型，选择需要倒圆角的两个曲面，在"半径"文本框中输入半径值，单击【确定】按钮，完成圆角操作。

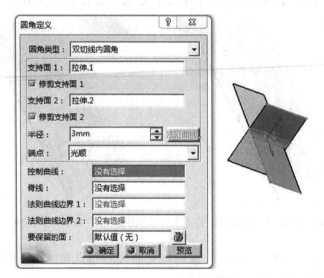

图4-91　生成简单圆角

对话框各选项含义如下：
- "支撑面1"：选择第一个曲面或平面。
- "修剪支撑面1"：控制是否剪切第一曲面。
- "支撑面2"：选择第二个曲面或平面。
- "修剪支撑面2"：控制是否剪切第二曲面。
- "半径"：输入连接圆弧面的半径。
- "端点"：选择圆弧面的过渡方式。可以选择"光顺""直线""最大值"和"最小值"。

2. 倒圆角

【倒圆角】命令可对曲面的棱边进行倒圆角，尤其是可以对尖锐的内部棱边提供一个转移平面。单击【倒圆角】工具按钮，弹出如图 4 - 92 所示的【倒圆角定义】对话框，选择需要倒圆角的棱边，在"半径"文本框中输入半径值，单击【确定】按钮完成倒圆角操作。

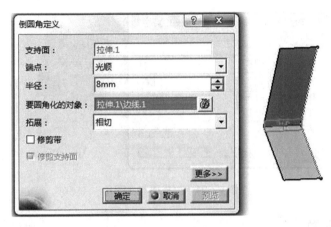

图 4 - 92　倒圆角

3. 可变半径圆角

【可变半径圆角】命令可以对边进行可变半径倒圆角，边上不同的点可以有不同的倒圆角半径。单击【可变半径圆角】工具按钮，弹出【可变半径圆角定义】对话框，在需要倒圆角边上选中一个或多个点填入"点"文本框中，设置倒圆角半径值，单击【确定】按钮完成倒圆角操作。如图 4 - 93 所示。

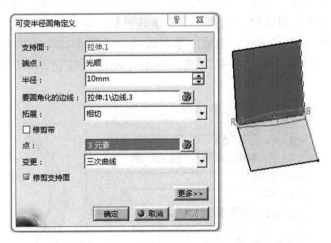

图 4 - 93　生成可变半径圆角

对话框中部分选项含义如下：

➢ "点"：控制倒角半径的位置。先单击"点"文本框，再在棱边上某处选择，棱边上产生点和半径值，双击半径值可以修改它的数值。

➤ "变更": 控制半径变化的规律。可以选择 "立方体" 曲线变化和 "线性" 变化。

4. 面与面的圆角

【面与面的圆角】命令用于创建两个曲面之间的圆角。单击【面与面的圆角】工具按钮  ，弹出【面与面的圆角定义】对话框，选择需要倒圆角的两个面，设置倒圆角半径值，单击【确定】按钮完成倒圆角操作。如图 4－94 所示。

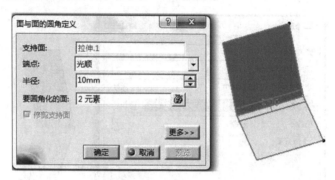

图 4－94　生成面与面圆角

4.4.5　位置变换

单击【操作】工具栏，选中【平移】工具按钮右下角的下三角按钮，展开工具栏，包含【平移】、【旋转】、【对称】、【缩放】、【仿射】和【定位变换】等工具按钮。如图 4－95所示。

图 4－95　位置【变换】工具栏

1. 平移

【平移】命令可对点、曲线、曲面和实体等几何元素进行平移。单击【平移】工具按钮 ，弹出【平移定义】对话框。选择需要平移的对象元素。在 "向量定义" 下拉列表框中选择 "方向、距离" 平移方式，选取一条直线或一个平面作为方向填入 "方向" 文本框中，在 "距离" 文本框中输入平移距离，单击【确定】按钮，完成操作，如图 4－96 所示。

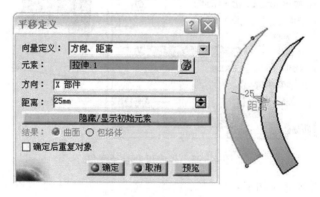

图 4－96　生成平移曲面

2. 旋转

【旋转】命令可对点、曲线、曲面和实体等几何元素进行旋转。单击【旋转】工具按钮，弹出【旋转定义】对话框。选取一条直线作为旋转轴填入"轴线"文本框中。在"角度"文本框中输入旋转角度值，单击【确定】按钮，完成操作，如图 4 - 97 所示。

图 4 - 97　生成旋转曲面

3. 对称

【对称】命令可对点、曲线、曲面和实体等几何元素相对于点、线、面进行对称复制。单击【对称】工具按钮，弹出【对称定义】对话框。选取需要对称复制的组件，选取作为对称中心的参考点、线或面填入"参考"文本框中，单击【确定】按钮，完成操作，如图 4 - 98 所示。

图 4 - 98　生成对称曲面

4. 缩放

【缩放】命令可对某一几何元素进行等比例缩放，缩放的参考基准可以为点或者平面。单击【缩放】工具按钮，弹出【缩放定义】对话框。选取需要缩放的元素填入"元素"文本框中，选取点或平面作为缩放的参考方向填入"参考"文本框中，在"比率"文本框中输入缩放的比例。单击【确定】按钮，完成操作，如图 4 - 99 所示。

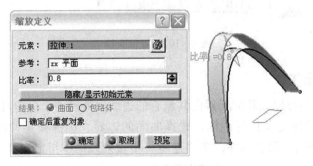

图 4 - 99　生成缩放曲面

5. 仿射

【仿射】命令可对曲面进行不等比例的缩放，用户只能相对于某一方向进行等比例的缩放。单击【仿射】工具按钮 ，弹出【仿射定义】对话框。选取需要仿射的曲面填入"元素"文本框中，在"轴系"选项组中通过指定"原点""XY 平面"和"X 轴"来确定坐标系，在"比率"选项组中分别输入新坐标系下的"X""Y""Z"方向的缩放比例。单击【确定】按钮，完成操作，如图 4-100 所示。

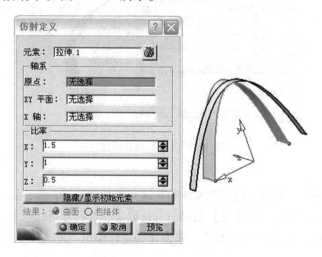

图 4-100 生成仿射曲面

6. 定位变换

【定位变换】命令可将几何图形的位置从一个坐标系转换到另一个坐标系中。此时该几何图形将被复制，转换后的几何图形为相对于新坐标系中的位置。单击【定位变换】工具按钮 ，弹出【定位变换定义】对话框。选取需进行坐标变换的几何图形，选取原始坐标系及新坐标系。单击【确定】按钮，完成操作，如图 4-101 所示。

图 4-101 定位变换

4.4.6 外插延伸

【外插延伸】工具可以让几何元素由其原有的边线向外延伸。单击【外插延伸】工具按钮 ，弹出【外插延伸定义】对话框，选择曲面的边界，选择要延伸的曲面。在"类型"下拉列表框中选择外插的限制条件，在"连续"下拉列表框中指定连续类型，包括"切线"

和"曲率"两种，单击【确定】按钮，完成外插延伸操作，如图 4-102 所示。

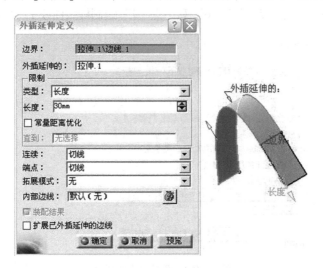

图 4-102　生成外插延伸曲面

4.5　实例操作

进行曲面零件绘制的时候，均是先要绘制出零件的线框结构模型，然后通过曲线和曲面的各种编辑，形成需要的曲面后再设计出实体模型。

4.5.1　鼠标外观模型的设计

本小节将通过绘制鼠标的外观模型，使读者对本章节所涉及的各种命令进一步熟悉和巩固。绘图步骤如下：

1）打开【圆定义】对话框，在"圆类型"中选择"中心和点"，绘制以"点 2"（-44.45，0，0）为中心，并通过"点 1"（0，0，0）的圆弧。选择"xy 平面"作为支撑面，在"开始"和"结束"文本框中分别填入"-90deg"和"90deg"。如图 4-103 所示。

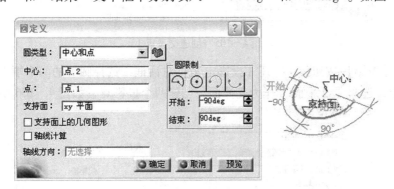

图 4-103　创建圆弧

2）单击【点】按钮，弹出【点定义】对话框，通过坐标绘制"点·3"（6.35，0，12.7）、"点·4"（-38.1，0，25.4）、"点·5"（-69.85，0，31.75）、"点·6"（-121.92，0，

12.7）和"点·7"（-139.7，0，0）。单击【样条线】按钮，打开【样条线定义】对话框，依次选择"点·3""点·4""点·5""点·6"和"点·7"绘制样条曲线1。如图4-104所示。

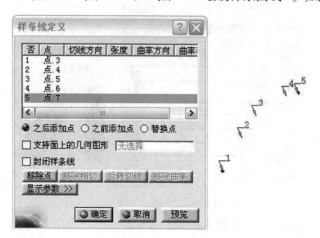

图4-104　创建样条曲线1

3）单击【相交】按钮，弹出【相交定义】对话框，在"第一元素"和"第二元素"框中分别选择"yz平面"和"样条线.1"。创建交叉点1，如图4-105所示。

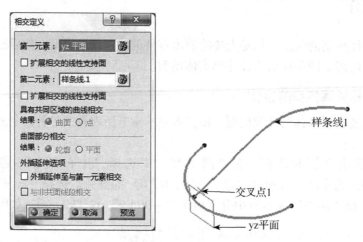

图4-105　创建交叉点1

4）单击【投影】按钮，打开【投影定义】对话框，选择圆1的两个端点填入"投影的"文本框中，选择"yz平面"作为支撑面，创建两个投影点。如图4-106所示。

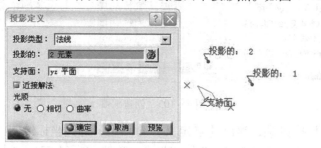

图4-106　创建两个投影点

5）单击【圆】按钮 ⊙，打开【圆定义】对话框，在"圆类型"中选择"三点"，分别选择步骤 3）和 4）中生成的三个点填入"点 1""点 2"和"点 3"文本框中，创建圆弧 2，如图 4-107 所示。三个点选择的顺序不一样，生成的圆弧可能会有差异，读者需认真体会。

图 4-107 创建圆弧 2

6）单击【点】按钮 ⋅，打开【点定义】对话框，通过坐标绘制"点 · 8"（0，38.1，0）、"点 · 9"（-38.1，38.1，0）、"点 · 10"（-68.58，44.45，0）、"点 · 11"（-85.09，50.8，0）、"点 · 12"（-114.3，38.1，0）和"点 · 13"（-127，0，0）。单击【样条线】按钮 ，打开【样条线定义】对话框，依次选择"点 · 8""点 · 9""点 · 10""点 · 11""点 · 12"和"点 · 13"绘制样条曲线 2。如图 4-108 所示。

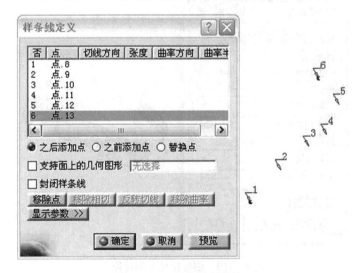

图 4-108 创建样条曲线 2

7）单击【扫掠】按钮 ，打开【扫掠曲面定义】对话框，分别选择"圆 2"和"样条线 . 1"填入"轮廓"和"引导曲线"文本框中，单击【确定】按钮，生成曲面扫掠 1。如图 4-109 所示。

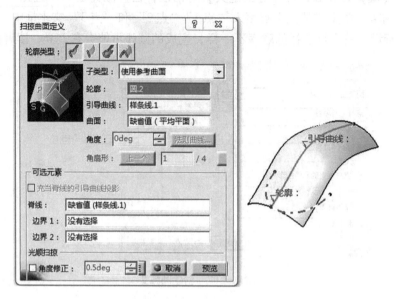

图 4 - 109   创建扫掠 1

8）单击【拉伸】按钮，打开【拉伸曲面定义】对话框，分别拉伸样条曲线 2 和圆 .1，"方向"选择"Z 轴"，"尺寸"为"25.4mm"。创建拉伸 1 和拉伸 2，如图 4 - 110 所示。

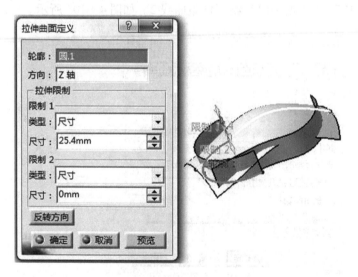

图 4 - 110   创建拉伸 1 和拉伸 2

9）单击【桥接曲面】按钮，打开【桥接曲面定义】对话框，分别选择"拉伸 . 1"和"拉伸 . 2"的边线填入"第一曲线"和"第二曲线"框中，选择"拉伸 . 1"和"拉伸 . 2"分别填入"第一支撑面"和"第二支撑面"框中。单击【确定】按钮，完成桥接曲面 1 的创建。如图 4 - 111 所示。

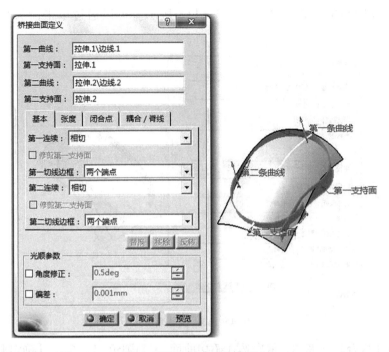

图 4 - 111　创建桥接曲面 1

10）单击【外插延伸】按钮，打开【外插延伸定义】对话框，依次选择"扫掠.1"的边线和"扫掠.1"填入"边界"和"外插延伸的"文本框中，"长度"为"15mm"。单击【确定】按钮，完成外插延伸曲面 1 的创建。如图 4 - 112 所示。

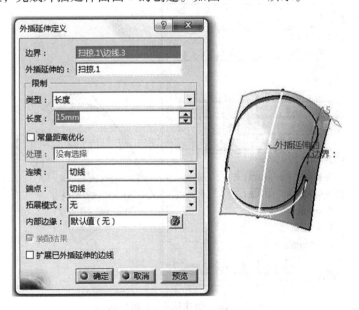

图 4 - 112　创建外插延伸曲面 1

11）单击【圆角】按钮，打开【圆角定义】对话框，分别选择"拉伸.1"和"拉伸.2"填入"支撑面 1"和"支撑面 2"框中，"半径"为"25.4mm"，单击【确定】按钮，完成倒圆角 1 的创建。如图 4-113 所示。可以通过单击箭头来更改倒圆角的方向。

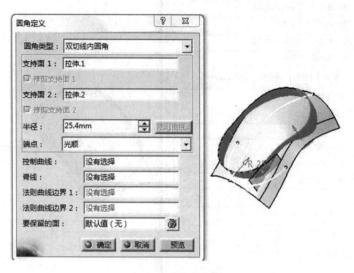

图 4-113　倒圆角 1

12）单击【接合】按钮 ，依次选择桥接曲面.1 和圆角.1，单击【确定】按钮，完成接合.1 的创建。单击【修剪】按钮 ，打开【修剪定义】对话框，依次选择"接合.1"和"外插.1"，选择需要互相裁剪掉和保留的曲面，单击【确定】按钮，完成修剪.1 的创建。如图 4-114 所示。

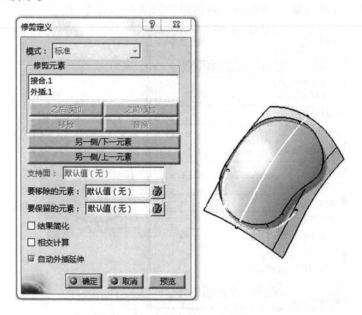

图 4-114　创建接合.1 和修剪.1

13）选择菜单【开始】→【机械设计】→【零件设计】，切入零件设计模块。单击【封闭曲面】按钮 ，选择要封闭的曲面"修剪.1"。单击【确定】按钮，完成封闭曲面.1 的创建。最后生成的实体如图 4-115 所示。隐藏不需要的点、曲线和曲面。

图 4-115　生成实体

4.5.2　汤勺模型的设计

本小节将通过绘制汤勺模型，使读者对本章节所涉及的各种命令进一步熟悉与巩固。绘图步骤如下：

1）选取"XY 平面"，单击【草图】工具按钮，进入草图工作台。在该草图工作台上建立如图 4-116 所示的草图，尺寸可参考图中所示尺寸。完成后单击【退出工作台】工具按钮，退出草图工作台。

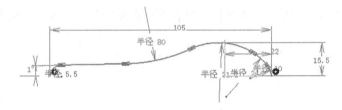

图 4-116　绘制草图 1

2）使用【草图】命令在 XY 平面上绘制草图 2，如图 4-117 所示。

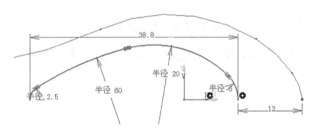

图 4-117　绘制草图 2

3）使用【草图】命令在 ZX 平面上绘制草图 3，如图 4-118 所示。

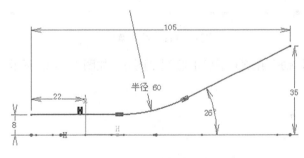

图 4-118　绘制草图 3

4）单击【线框】工具栏中的【混合】工具按钮 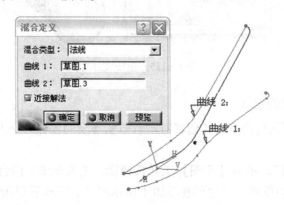，弹出【混合定义】对话框，选择"草图.1"填入"曲线1"文本框中，选择"草图.3"填入"曲线2"文本框中，单击【确定】按钮，结果如图4-119所示。

图4-119　创建混合曲线1

5）隐藏"草图.1"。使用【草图】命令在 ZX 平面上绘制草图4，如图4-120所示。

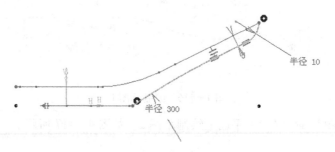

图4-120　绘制草图4

6）使用【草图】命令在 ZX 平面上绘制草图5，该草图中的图元只有一个点，如图4-121所示。

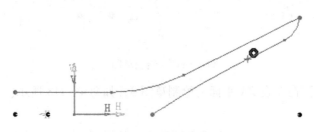

图4-121　绘制草图5

7）使用【草图】命令在 ZX 平面上绘制草图6，如图4-122所示。

图4-122　绘制草图6

8）单击【线框】工具栏中的【平面】工具按钮 <u></u>，弹出【平面定义】对话框，在"平面类型"下拉列表中选择"曲线的法线"选项，选择"草图.3"填入"曲线"文本框中，选择"草图.5"填入"点"文本框中，单击【确定】按钮，如图 4-123 所示。

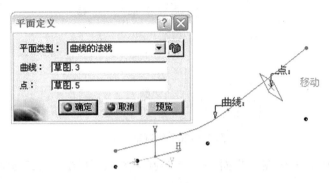

图 4-123　创建平面 1

9）单击【线框】工具栏中的【相交】工具按钮 <u></u>，弹出【相交定义】对话框。选择已创建的"平面.1"填入"第一元素"文本框中，选择曲线"混合.1"填入"第二元素"文本框中，单击【确定】按钮，结果如图 4-124 所示。

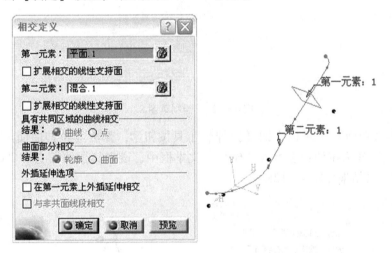

图 4-124　创建相交点 1

10）使用相同的方法，创建两条曲线上与 *YZ* 平面相交的点，如图 4-125 所示。

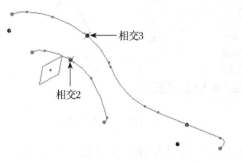

图 4-125　创建相交点 2 和相交点 3

11）使用【草图】命令在 *YZ* 平面上绘制草图7，如图4-126所示。

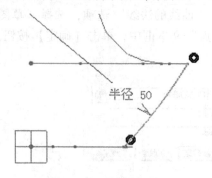

图4-126　绘制草图7

12）使用【草图】命令在"平面.1"上绘制草图8，如图4-127所示。

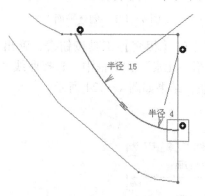

图4-127　绘制草图8

13）单击【曲面】工具栏中的【拉伸】工具按钮，弹出【拉伸曲面定义】对话框，选取"草图.4"作为拉伸轮廓填入"轮廓"文本框中，设定其拉伸长度为"10mm"。单击【确定】按钮，其结果如图4-128所示。

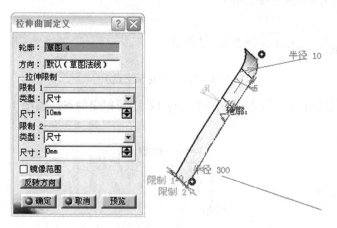

图4-128　拉伸曲面1

14）单击【曲面】工具栏中的【拉伸】工具按钮，弹出【拉伸曲面定义】对话框，选取"草图.6"作为拉伸轮廓填入"轮廓"文本框中，设定拉伸长度为"10mm"。单击

【确定】按钮，结果如图 4 - 129 所示。

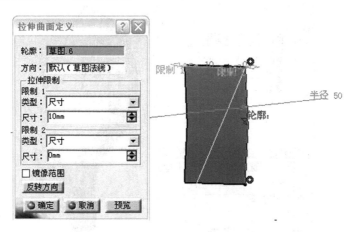

图 4 - 129　生成拉伸曲面 2

15）单击【曲面】工具栏中的【填充】工具按钮，弹出【填充曲面定义】对话框，依次选取"混合.1""草图.6""草图.2"和"草图.7"填入"边界"列表中。在列表中选择"草图.6"，再选取"拉伸.2"作为"支撑面"填入"边界"列表中，单击【确定】按钮，如图 4 - 130 所示。

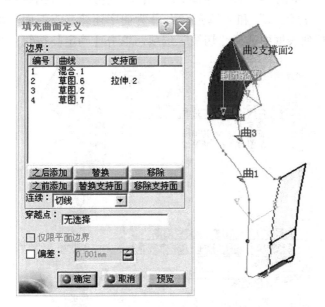

图 4 - 130　填充曲面 1

16）单击【曲面】工具栏中的【填充】工具按钮，弹出【填充曲面定义】对话框，依次选取"混合.1""草图.8""草图.4""草图.2"和"草图.7"填入"边界"列表中，并分别为"草图.4"和"草图.7"选取"拉伸.1"与"填充.1"作为其相切"支撑面"填入"边界"列表中，单击【确定】按钮，如图 4 - 131 所示。

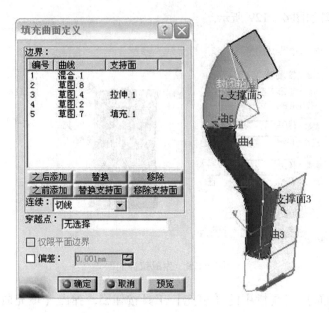

图 4 - 131　填充曲面 2

17）单击【曲面】工具栏中的【填充】工具按钮，弹出【填充曲面定义】对话框，依次选取"混合.1""草图.4"和"草图.8"填入"边界"列表中，并分别为"草图.4"和"草图.8"选取"拉伸.1"和"填充.2"作为曲率连续"支撑面"填入"边界"列表中，在"连续"下拉列表框中选择"切线"选项，单击【确定】按钮，如图 4 - 132 所示。

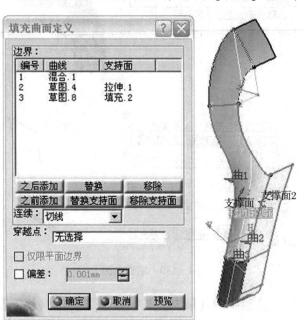

图 4 - 132　填充曲面 3

18）隐藏两个拉伸曲面。单击【操作】工具栏中的【接合】工具按钮，弹出【接合定义】对话框，依次选取 3 个填充曲面，单击【确定】按钮完成接合曲面 1 的创建，如

图 4-133 所示。

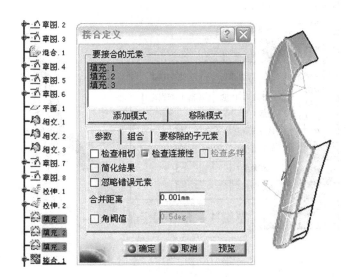

图 4-133 接合曲面 1

19）单击【操作】工具栏中的【对称】工具按钮 ，弹出【对称定义】对话框，选取"接合 .1"作为对称元素填入"元素"文本框中，选取"zx 平面"作为对称中心填入"参考"文本框中，单击【确定】按钮，如图 4-134 所示。

20）单击【曲面】工具栏中的【填充】工具按钮 ，弹出【填充曲面定义】对话框，创建填充曲面，如图 4-135 所示。

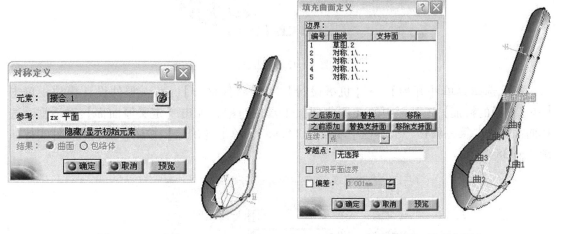

图 4-134 对称 1

图 4-135 填充曲面 4

21）单击【操作】工具栏中的【修复】工具按钮 ，弹出【修复定义】对话框，依次选取 3 个曲面填入"要修复的元素"列表中，单击【确定】按钮，如图 4-136 所示。

22）单击【操作】工具栏中的【倒圆角】工具按钮 ，打开【倒圆角定义】对话框，选取勺子底端的边界线填入"要圆角化的对象"文本框中，在"半径"文本框中输入圆角半径为"1mm"，如图 4-137 所示。

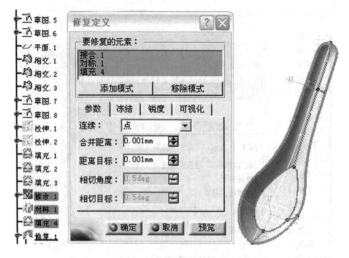

图 4-136　修复曲面 1

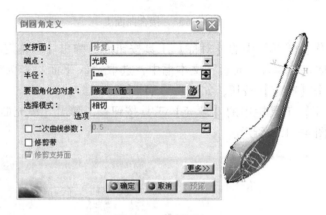

图 4-137　倒圆角

23）选择菜单【开始】→【机械设计】→【零件设计】，切入零件设计模块。单击【基于曲面的特征】工具栏中的【厚曲面】工具按钮，弹出【定义厚曲面】对话框，选择曲面，在"第一偏移"文本框中输入"0.5mm"，单击【确定】按钮，生成的零件实体如图 4-138 所示。

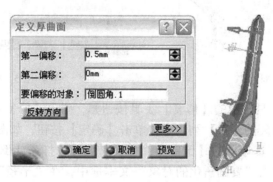

图 4-138　生成零件实体

24）单击【基于草图的特征】工具栏中的【凹槽】工具按钮，选择"草图.3"，弹出【定义凹槽】对话框，选中"镜像范围"复选框，单击【确定】按钮，定义的凹槽如图 4 – 139 所示。

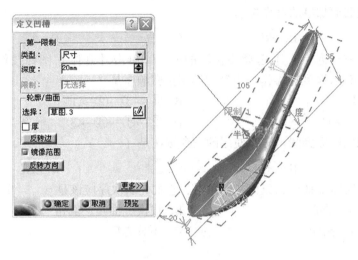

图 4 – 139　定义凹槽

本章小结

本章讲解了 CATIA V5 创成式曲面设计的基础知识，主要内容有空间曲线与曲面特征创建、特征修饰、特征变换和组合等方法。通过本章节的学习，初学者能够熟悉 CATIA V5 曲面特征的基本命令。本章的重点和难点为空间曲线和曲面的特征创建、特征修饰的应用，希望初学者按照讲解方法和实例进一步开展实例练习。

复习题

一、选择题

1. 曲面增厚工具 的增厚方向是（　　　）

   A. 曲面的法向　　　　　B. *X* 轴方向　　　　　C. 罗盘方向　　　　　D. 可以指定方向

2. 以下哪个曲面不能用封闭曲面工具 封闭形成实体（　　　）

   A.　　　　　　　　B.　　　　　　　　C.　　　　　　　　D.

图 4 – 140

3. 很多曲面壳体类零件需要用以下哪个工具来增厚生成实体（　　　）

   A.　　　　　B.　　　　　C.　　　　　D.

4. 如图 4 – 140 所示的曲面图形一般由以下哪个曲面工具创建（　　　）

   A.　　　　　　　　　　　　　B.

   C.　　　　　　　　　　　　　D.

图 4 – 140

5. 命令 (Intersection) 要求选取的元素是（　　　）

    A. 两个相交曲面　　　　　　　　　　B. 相交的一个曲面和一条曲线

    C. 两条相交曲线　　　　　　　　　　D. 都可以

6. 下列可以实现曲面加厚的命令按钮是（　　）

    A. 　　　　　　　B. 　　　　　　　C. 　　　　　　　D.

7. 完成【抽壳】命令包括：①选择要移除的面，②单击【盒体】图标按钮，③单击【确定】按钮，④输入厚度等操作。正确的操作步骤顺序是（　　　）

    A. ①→②→③→④　　　　　　　　　B. ④→③→②→①

    C. ②→③→④→①　　　　　　　　　D. ②→①→④→③

8. 当对两个单独的曲面倒圆角时，使用的命令按钮是（　　　）

    A. 　　　　　　　B. 　　　　　　　C. 　　　　　　　D.

9. 当一个实体同时需要抽壳、拔模、倒角时，它的先后次序应该是（　　　）。

    A. 倒角、拔模、抽壳　　　　　　　　B. 拔模、抽壳、倒角

    C. 拔模、倒角、抽壳　　　　　　　　D. 不分先后

二、建模题

1. 通过应用曲面设计工具，将如图 4-141a 所示的平面图绘制成如图 4-142b 所示的车桥桥壳三维曲面造型。

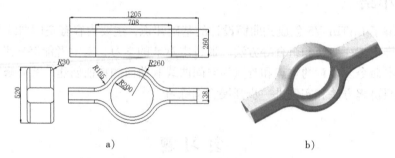

a)　　　　　　　　　　　　　　　　b)

图 4-141　（题图 4-1）车桥桥壳的曲面造型

2. 应用曲面设计工具，将如图 4-142a 所示的平面图绘制成图 4-142b 所示的三维实体造型。

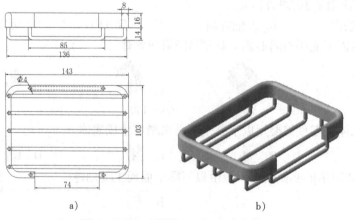

a)　　　　　　　　　　　　　　b)

图 4-142　（题图 4-2）生成实体

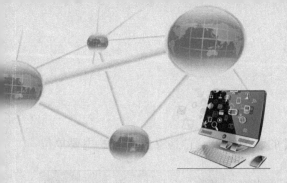

第 5 章　装配设计

部件装配是 CATIA 最基本的功能模块，包括创建装配体、添加定制的部件或零件到装配体、创建部件之间的装配关系、移动和布置装配成员、生成部件爆炸图、装配干涉和间隙分析等主要功能。因此，装配设计在 CATIA 应用中占有十分重要的地位，也是三维软件设计功能的关键优势之一。

☞ **本章主要内容：**
- ◆ 部件创建
- ◆ 部件移动
- ◆ 装配约束
- ◆ 装配体修改
- ◆ 装配分析
- ◆ 保存装配文件
- ◆ 装配实例

☞ **本章教学重点：**
产品或部件模型的装配约束、装配分析

☞ **本章教学难点：**
产品或部件模型的装配约束的建立

☞ **本章教学方法：**
讲授法，案例教学法

5.1　装配设计介绍

在装配设计工作台，可以把零部件装配起来，形成一个产品。与装配有关的数据可以保存进装配文件（装配文件扩展名为 CATProduct），在该文件中还可以保存各个零部件之间的装配关系、约束状态以及装配分析的结果等，同时还可以保存在装配中建立的装配特征，但各个零部件自己的相关数据都保存在其各自的文件中。

相关术语：

➢ 零件：是组成部件与产品的最基本单位。

➢ 部件：可以是一个零件，也可以是多个零件的装配结果。它是组成产品的主要单位之一。

➢ 装配：是装配设计的最终结果，它由部件（或零件）之间的约束关系和部件组成。

➢ 约束：约束是指部件之间的相对限制条件，可以用于确定部件间的位置关系。

在 CATIA 中可以通过以下几种途径进入装配设计模块：

1）选择菜单【开始】→【机械设计】→【装配设计】，进入装配设计模块。

2）选择菜单【文件】→【新建】，在随后弹出的如图 5-1 所示的【新建】对话框中选择 "Product" 文件类型，进入装配设计模块。

图 5-1 【新建】对话框

5.2 部件创建

5.2.1 创建装配文件

进入装配设计工作台，就建立了一个装配文件。要改变装配文件的名称，可以在装配文件名称上单击右键，在快捷菜单中选择 "属性"，在【属性】对话框 "产品" 选项卡下的 "零件编号" 文本框中可以修改装配文件名称，如图 5-2 所示。

5.2.2 添加部件

在装配中添加部件，可以使用产品结构工具条，或使用插入菜单中的相应命令，产品结构工具条如图 5-3 所示。该工具条包括 "插入部件" 和 "部件管理" 两个部分。被插入的零部件可以是已经存在的零部件，也可以是新建的零部件。部件的管理包括部件的替换、排序、生成序号等。

新建装配文件时，CATIA 创建一个特征树，最顶层默认的产品名称为 "产品1"。用鼠标左键单击 产品 后，插入的零部件都在该特征树结点之下。插入的位置可以是当前产品，也可以是产品

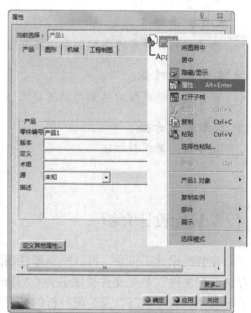

图 5-2 【属性】对话框

中的某个部件，在插入之前需要用鼠标来选择特征树上相应的插入位置，使其高亮显示（通常称为激活），该操作决定零部件之间的装配关系层次。

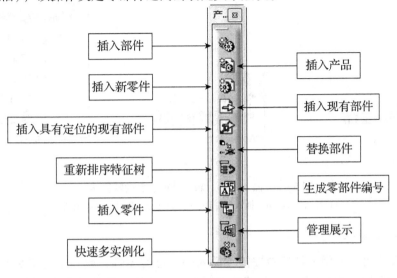

图 5-3　产品结构工具条

1. 插入部件

工具条中按钮的功能是将一个部件插入到当前产品中，插入后与该部件相关的数据直接存储在当前的产品文件内。该部件之下还可以插入其他产品或零件，选择要装配的产品，单击该图标，特征树即可增加一个产品新结点，如图 5-4 所示。

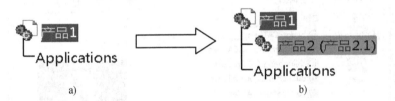

图 5-4　插入部件前、后的特征树

a) 插入前　b) 插入后

2. 插入产品

工具条中按钮的功能是将一个产品插入到当前产品中，插入后与该产品相关的数据文件独立地存储在自己的原文件内。该产品之下也可以插入其他产品或零件，选择要插入的产品或零件，单击该图标，特征树即可增加一个产品新结点，如图 5-5a 所示。

3. 插入新零件

工具条中按钮的功能是将一个新零件插入到当前产品中，该零件是独立文件，其数据独立存储在该零件文件内。选择装配产品，单击该图标插入零件，特征树即可增加一个零件新结点，如图 5-5b 所示。

双击该零件新结点，将其全部展开即可进入零件设计模块。该零件即是新创建的以"Part1"为默认文件名的新零件，如图 5-5c 所示。

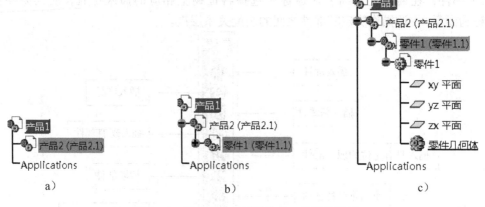

图 5-5 插入产品、新零件前、后的特征树

a）插入产品 b）插入新零件 c）新结点的零件设计特征树

4．插入现有部件

在 CATIA 中可以使用工具条中按钮插入一个已有零件，或一个已有装配体作为当前产品的部件。插入的部件必须是已经建立并保存过的文件，将零部件插入后就可以在装配设计工作台中进行装配。插入现有部件操作方法：

1）单击插入【现有部件】按钮，（或选择菜单【插入】→【现有部件】），显示【选择文件】对话框，如图 5-6 所示。

图 5-6 【选择文件】对话框

2）在【选择文件】对话框中选择要打开的文件（可以配合使用〈Ctrl〉键和〈Shift〉键，选择打开多个文件）。选中"显示预览"复选框，可以显示选择文件预览图，还可以选择"以只读方式打开"文件。

单击【打开】按钮，可打开选择的文件，装配文件特征树上会显示插入的部件，同时在模型显示区显示打开的部件，如图 5-7 所示。

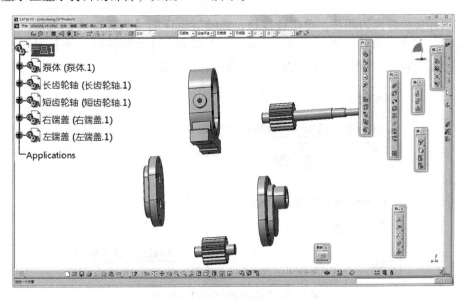

图 5-7　工作台显示打开的部件

如果打开的部件有重名（相同的零件编号），会发生部件同名冲突，这时显示【零件编号冲突】对话框，在对话框中可以选择同名的部件，然后单击【重命名】或【自动重命名】按钮，进行重命名，更改后的部件名会同时保存在装配文件和部件自己原文件中，如图5-8所示。

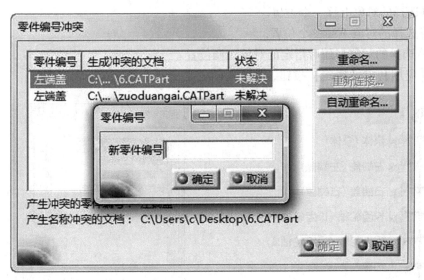

图 5-8　【零件编号冲突】对话框

插入已有部件时也可以使用按钮，与插入现有组件大致相同，但该按钮可以根据智能移动窗口将部件插入到指定位置。

5．替换部件

工具条中按钮的功能是用其他产品或零件替换当前产品下的某个产品或零件。在当前装配体中选择要被替换的部件，单击该按钮，在随后出现的【选择文件】对话框中选择一个已经存在的部件或零件文件名，弹出如图 5 - 9 所示的【对替换的影响】对话框。单击【确定】按钮，即可将装配体中被替换部件替换成选择的部件。

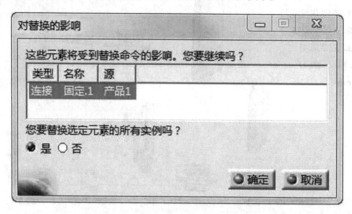

图 5 - 9 【对替换的影响】对话框

6．重新排序特征树

通过工具条中按钮，能够将各部件在特征树中的排列顺序重新排列。选择需要重新排序的产品，如图 5 - 10 所示特征树中的"齿轮泵"，单击该按钮，弹出【图形树重新排序】对话框。该对话框右侧三个按钮的功能分述如下：

➢ 将选择的对象上移一个位置。

➢ 将选择的对象下移一个位置。

➢ 将选择的对象与随后指定的对象对调位置。

单击【应用】或【确定】按钮，特征树随之改变。

图 5 - 10 【图形树重新排序】对话框

7. 零部件编号

在同一个装配体中，有时会存在多个相同的零部件，为了方便查看和管理，CATIA 提供了对零部件编号的功能。选择要编号的对象，单击产品结构工具条上的按钮，弹出【生成编号】对话框，如图 5-11 所示。选择"整数"或者"字母"方式对零部件进行编号。如果要编号的零件已经有了编号，则"现有数字"选项组将被激活，可以通过选中"保留"或"替换"进行重新定义。

右击部件（或零件），通过快捷菜单的"属性"选项可以看到零部件的编号。

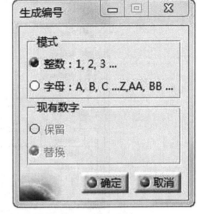

图 5-11　【生成编号】对话框

8. 多重插入

在实际操作中，很多时候在同一个装配体中会含有多个相同的零部件或者子装配体，使用按钮一个一个插入非常繁琐。使用按钮可以再次插入一个选择的零部件，按钮则可以同时插入多个选择的零部件。

单击按钮，弹出【多实例化】对话框，在特征树上选择需要多重插入的零部件，如图 5-12 所示，则在对话框中出现已选择零件的名称。

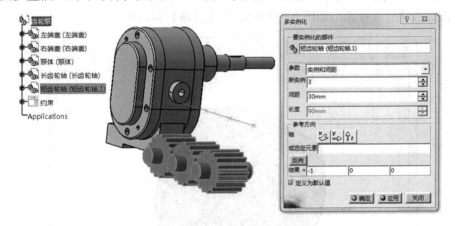

图 5-12　【多实例化】对话框

在对话框中可设置多实例相关参数，包括新实例个数、实例之间间隔、间距总长度，选择某个坐标轴或者模型的边线来确定实例排列的方向。

5.2.3　插入零件库中的部件

CATIA 为用户提供了一个标准件库，库中有大量已经完成的标准件。在装配设计中可以直接把这些标准件调出来使用，具体操作方法如下：

1）单击【库目录】工具图标按钮（或者选择下拉菜单【工具】→【目录浏览器】命令，也可以选择下拉菜单【工具】→【机械标准零件】命令），系统弹出如图 5-13 所示的【目录浏览器】对话框。

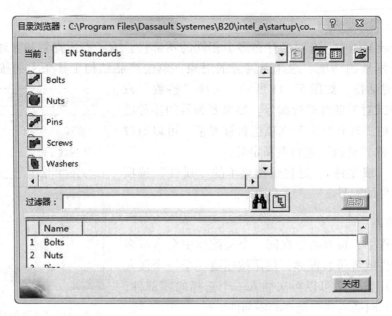

图 5-13 【目录浏览器】对话框

2）在【零件库】对话框中选择相应的标准件目录，双击此标准件目录后，在列出的标准件中双击标准件后系统弹出如图 5-14 所示的【目录】对话框。

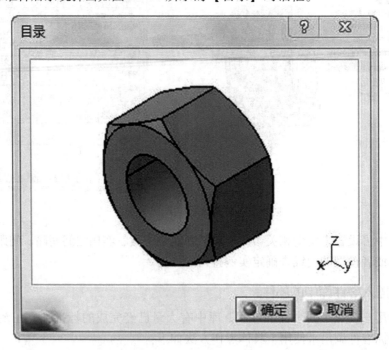

图 5-14 【目录】对话框

3）单击对话框中【确定】按钮，关闭【目录】对话框，此时，标准件将插入到装配文件中，同时特征树上也添加了相应的标准件信息。

5.3　部件移动

在装配工作台插入零部件时，CATIA 是按照零部件建模时的位置坐标导入的，各个零部件间的位置会存在不匹配甚至相互重叠，必须调整各个零部件的空间位置。

图 5-15　【移动】工具栏

在进行装配前，先要明确装配的级别，总装配是最高级，其次是各级的子装配，即各级的部件。对哪一级的部件进行装配，则这一级的装配体必须处于激活状态。双击特征树上的装配体，就激活了该装配体，此时图标蓝色显示。CATIA 中的大部分操作只对处于激活状态的部件及其子部件有效。

移动某个对象之前，首先要保证该对象所属的装配体处于激活状态，然后单击该对象或该对象在特征树上的对应结点，图标呈亮色显示，这样就可以通过指南针或如图 5-15 所示的【移动】工具栏改变所属对象的方位。

5.3.1　通过指南针移动对象

将光标移至指南针的红方块处，当光标呈现为移动箭头时，按住左键拖动指南针到需要移动的形体表面上，松开左键，指南针即附着在形体上，如图 5-16 所示。将光标移至指南针，当光标呈现为手形时，拖动指南针的坐标轴进行平移，或者拖动坐标平面上圆弧进行旋转。

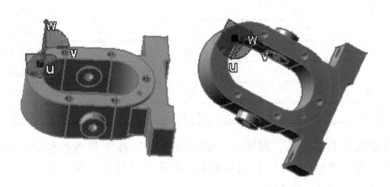

图 5-16　指南针附着在形体上

5.3.2　通过【移动】工具条移动对象

1. 自由平移

单击操作按钮，弹出如图 5-17 所示【操作参数】对话框。单击对话框相应的功能按钮，选择需要移动的零件部件，按下鼠标左键不放，拖动到合适的位置。【操作参数】对话框中的按钮功能分别如下：

1）第一行：当前选择的按钮。

2）第二行：沿 X、Y、Z 或给定的方向平移。

3）第三行：沿 XY、YZ、ZX 或给定的平面平移。

4）第四行：分别绕 X、Y、Z 或给定的轴线旋转。

若选中"遵循约束"复选框，则选取的部件移动要遵循已经被施加的约束条件，即在满足约束条件下调整部件位置。

2. 智能移动

智能移动操作按钮 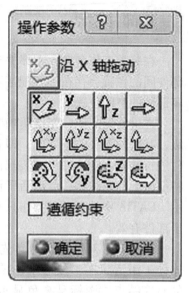 和 通过对齐零部件上的几何元素，来改变零部件相对位置，如"同轴心"等几何关系。如果选择的两个对齐元素性质相同，那么移动后这两个元素重合；如果选择的两个对齐元素性质不同，那么前一个被选的元素对齐并通过后一个元素。

注意：该工具仅是移动部件，不添加任何约束关系。参考元素种类及其捕捉结果见表 5-1。

图 5-17 【操作参数】对话框

表 5-1　参考元素种类及其捕捉结果

第一被选元素	第二被选元素	移动结果
点	点	两点重合
点	线	点移动到直线上
点	平面	点移动到平面上
线	点	直线通过点
线	线	两线重合
线	平面	线移动到平面上
平面	点	平面通过点
平面	线	平面通过线
平面	平面	两个平面重合

例如，左端盖和右端盖是"同轴心"的装配关系，按下捕捉按钮 ，鼠标自动捕捉轴心线，选择两个轴心之后，零件自动移动位置满足"同轴心"的关系。单击绿色箭头，可以改变配合方向，如图 5-18 所示。

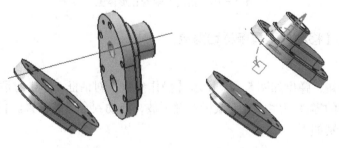

图 5-18 "同轴心"装配关系

操作按钮🦋也是通过两个元素的对齐来移动零部件的。按下该按钮后，弹出如图 5-19 所示【智能移动】对话框，即快速约束类型。

选择被移动部件的对齐元素，按住鼠标右键并拖动到参考部件上，系统会自动识别与被移动部件上所选的元素相同类型的几何元素。若选中"自动约束创建"复选框，则不仅是部件几何元素对齐，而且还建立部件之间的约束关系，否则只执行对齐操作。其用法与捕捉相同，用向上或向下箭头可以调整约束的优先顺序。

3. 爆炸视图

爆炸操作按钮🖼，能够将当前产品中的所有部件以空间分散的方式进行显示。如图 5-20 所示，选择齿轮泵后，单击按钮🖼，弹出【分解】对话框，该对话框中各选项含义分述如下：

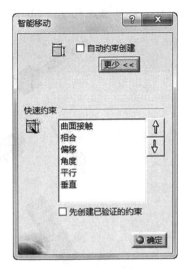

图 5-19 【智能移动】对话框
（快速约束类型）

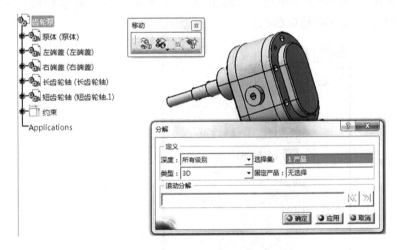

图 5-20 部件空间【分解】对话框

➤ "深度"（爆炸的层次）：共有两个下拉选项。"所有级别"为分解全部零部件；"第一级别"为只分解第一层级。
➤ "类型"（爆炸种类）：共有 3 个选项。"3D"为在三维空间里分解，均匀分布；"2D"为在二维空间里分解，即将部件投影到 XY 平面上；"受约束"为根据约束的条件分解，分解后的部件保持相对共线或共面关系。
➤ "选择集"：可以重复选择产品。
➤ "固定产品"：固定一个产品。
➤ "滚动分解"：显示分解过程，用鼠标单击按钮《或》，可以查看分解过程。

单击【确定】按钮，弹出【警告】对话框，询问是否要改变部件位置，单击【是】按钮则接受部件的爆炸移动，如图 5 - 21 所示。

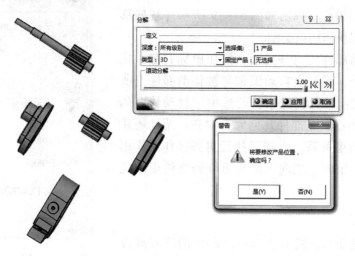

图 5 - 21　部件分解【警告】对话框

爆炸后各个零部件处于新的空间位置，如要恢复到原先装配状态，要右键单击特征树中的"约束"，在弹出的快捷菜单中选择"约束对象"，然后选择"刷新约束"如图 5 - 22 所示，装配体即恢复到原先被约束状态。

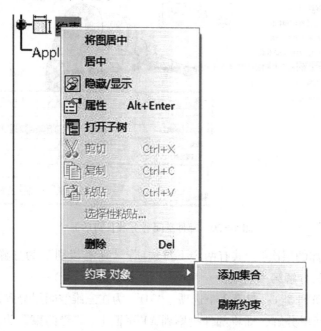

图 5 - 22　"刷新约束"选择步骤

在【移动】工具条中还有一个【碰撞时停止操作】按钮，按下该按钮后，能够防止在"自由调整"部件时出现零部件之间的干涉。当零部件之间发生碰撞时，会高亮显示。

5.4　装配约束

通过定义装配约束，可以指定零件相对于装配体（部件）中其他部件的放置方式和位置。装配约束的类型包括"相合""接触""偏移""固定"和"角度"等。在 CATIA 中，零件通过装配约束添加到装配体后，它的位置会随着与其有约束关系部件的改变而相应改变。

设置约束必须在被激活的两个子部件之间进行。在默认状态下，特征树中激活部件带有蓝色色条，被选择的部件带有橙色的色条。【约束】工具条如图 5-23 所示。

图 5-23　【约束】工具条

5.4.1　相合约束

"相合"约束用于对齐几何元素。根据选择的几何元素，可以获得同心、同轴或共面约束。

单击【相合】按钮 后，当鼠标靠近几何体（圆孔、圆柱）时系统会显示轴线，依次选择完毕后，单击【更新】按钮 ，零件会移动到相应位置，如图 5-24 所示。在几何体显示区域，会出现表示约束类型的图标。

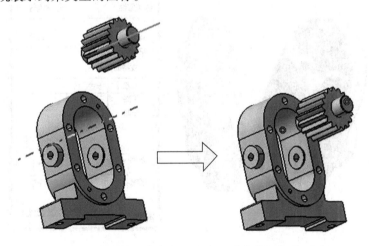

图 5-24　单击【更新】按钮后的结果

5.4.2　接触约束

"接触"约束用于在部件平面或部件表面施加接触约束，约束结果是两平面（或表面）的外法线方向相反。

单击【接触】按钮 ，依次选择两个元素，则第一元素移动到第二元素位置，且两平面外法线方向相反，如图 5-25 所示。

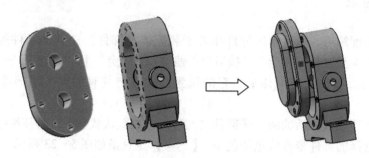

图 5-25　"接触"约束作用结果

5.4.3　偏移约束

"偏移"约束是通过设置两部件上的点、线、面等几何元素，使其相隔一定的距离来约束部件之间的几何关系。

单击【偏移】按钮，依次选择两个元素。如图 5-26 所示，在【约束属性】对话框中，设置偏移约束的各项参数，单击几何体上的箭头可以改变几何体约束方向。在对话框的"偏移"文本框内输入几何体之间偏移的距离。距离可以为正也可以为负，一个几何体上的箭头指向另一个箭头时偏移距离为正，否则为负。

如果需要改变约束距离值时，可双击表示偏移约束的距离值，在【约束属性】对话框中输入新的参数即可。

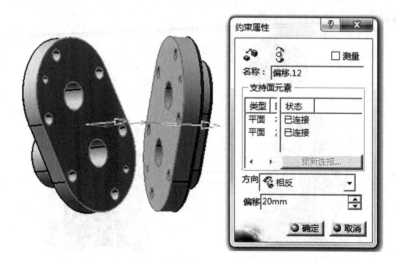

图 5-26　"偏移"约束作用及其【约束属性】对话框

5.4.4　角度约束

"角度"约束是对装配体中部件的几何元素施加角度约束。约束对象可以是直线、平面、零部件体表面、柱体轴线和锥体轴线等。单击【角度】按钮，依次选择需要约束的两个几何元素，在随后弹出的【约束属性】对话框中输入角度值，单击【确定】按钮即可约束角度，如图 5-27 所示。

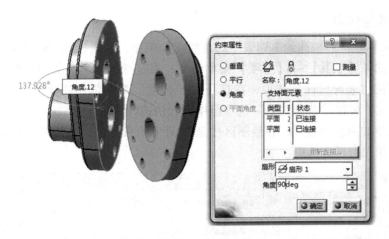

图 5 - 27　"角度"约束作用及其【约束属性】对话框

5.4.5　固定约束

"固定"约束用于固定装配体中某部件的位置，使该部件的位置能够作为其他部件装配的参考位置，同时在装配更新时可防止该装配从其父级或子级装配中移动或离开。单击【固定】按钮，选择要固定的部件，即可施加固定约束。

5.4.6　固联约束

"固联"约束可以将同处于激活状态部件中的若干个部件按照当前的位置固定为一个群体，若移动其中一个部件，其他部件也随之移动。

单击【固联】按钮，系统弹出如图 5 - 28 所示【固联】对话框，选择需要固定在一起的部件，单击【确定】按钮。

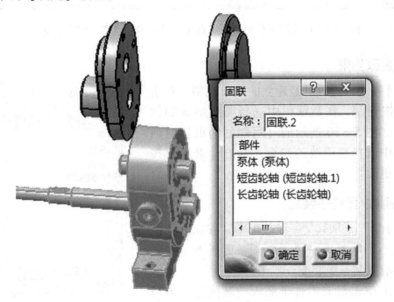

图 5 - 28　"固联"约束及其对话框

5.4.7 快速约束

"快速约束"是按照快速约束列表中约束的优先顺序，系统自动对选择的零部件对象创建约束工具。选择【工具】→【选项】菜单命令，系统弹出【选项】对话框，单击"机械设计"结点下的"装配设计"选项，在打开的"选项"对话框中切换到"约束"选项卡，如图5-29所示，可在"快速约束"选项组中设置快速约束的优先顺序。

单击【快速约束】按钮，在绘图区中选择两个约束参照，系统根据选择的参照和约束设置，自动添加合适的约束。

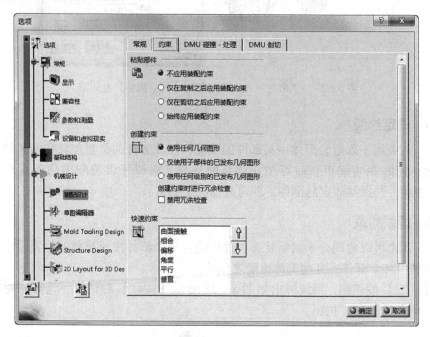

图5-29　在【选项】对话框"约束"选项卡中设置"快速约束"

5.4.8 更改约束

"更改约束"可以更改已经建立的约束类型。单击【更改约束】按钮，在特征树中选择需要更改的约束，系统弹出如图5-30所示的【可能的约束】对话框，在对话框中选择要更改的约束，单击【确定】按钮，完成约束更改。

5.4.9 刚性/柔性子装配

"柔性子装配"是从其父一级装配中，移动或更新父一级装配而不影响其下一级子装配，更新下一级子装配也不会影响其父一级装配。

在特征树上单击需要柔性子装配的装配体，再单击按钮，即将该装配体设置为柔性件。此时，其约束关系不能被及时传递，即装配体中刚性件与原来产

图5-30　在【可能的约束】对话框
中选择要更改的约束

品有关联性，但柔性件约束关系和原来装配体相互独立。

5.4.10 重复使用阵列

"重复使用阵列"可以利用实体建模时定义的阵列模式产生一个新的实体阵列。单击【重复使用阵列】按钮 ，弹出如图 5-31 所示【在阵列上实例化】对话框。

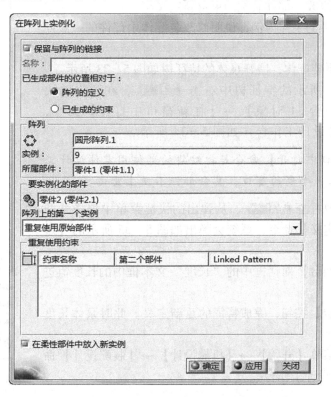

图 5-31 【在阵列上实例化】对话框

该对话框主要选项组的含义如下：

➤ "阵列"选项组：选取已存在的实体建模时定义的阵列。

➤ "要实例化的部件"选项组：选取用来阵列的实体模型。

例如，圆板上 8 个孔是圆形阵列形成的，目前已有一个孔安装了螺栓，如图 5-32a 所示。单击【重复使用阵列】按钮 ，选取圆板孔，再选取螺栓，单击【应用】按钮，则其余 7 个孔内也就安装了螺栓，如图 5-32b 所示。

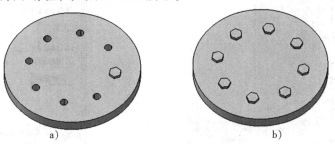

图 5-32 "重复使用阵列"工具应用

5.5 修改装配体中的部件

一个装配体完成后，可以在特征树中对该装配体中的任何部件（产品或子装配体）进行如下操作：部件打开与删除、部件尺寸修改、部件装配约束修改、部件装配约束重新定义等。

下面以齿轮泵中的泵体为例，说明修改装配体中部件的一般操作过程。

1）打开齿轮泵装配体，展开泵体的特征树如图 5-33 所示。

2）在图 5-33 所示的特征树中右击 凸台.1，在弹出的快捷菜单中选择【凸台.1 对象】→【在新窗口中打开】命令，此时系统进入零件设计工作台，如图 5-34 所示。

注：【在新窗口中打开】命令是把编辑的部件用零件设计工作台打开，并建立一个新的窗口，其余部件不发生变化。

3）在特征树中右击 凸台.1，从弹出的快捷菜单中选择【凸台.1 对象】→【定义】命令，系统会弹出如图 5-35 所示的【定义凸台】对话框。

4）对【定义凸台】对话框中的"长度"文本框中的长度值进行修改。

5）单击【确定】按钮，完成特征的重新定义。此时泵体长度会发生改变。

6）选择下拉菜单【开始】→【机械设计】→【装配设计】命令，即可回到装配设计工作台。

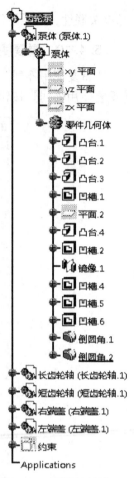

图 5-33　泵体特征树

注：如果修改后泵体长度未发生变化，说明系统没有自动更新，更新方法是选择下拉菜单【编辑】→【更新】命令。

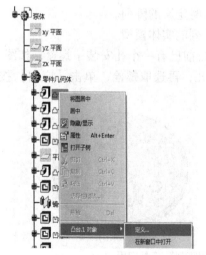

图 5-34　从快捷菜单中进入"零件设计"工作台

图 5-35　【定义凸台】对话框

5.6　装配分析

部件装配之后，需要分析部件之间的约束关系、自由度、干涉检查和测量距离等。装配分析的主要功能显示在如图5-36所示的分析菜单中，主要包括物料清单、约束分析、自由度分析、计算碰撞、测量、碰撞和切割等。

5.6.1　物料清单分析

【物料清单】命令可以分析装配产品中所含的零件数目及相关信息。如果需要获得整个装配体的物料清单信息，应该首先打开装配体，单击工具栏【分析】→【物料清单】按钮 物料清单... ，弹出如图5-37所示【物料清单：产品1】对话框。

图5-36　装配分析的主要功能

单击对话框中【定义格式】按钮，系统会弹出【物理清单：定义格式】对话框，如图5-38所示，在这里可以根据需要选择定义窗口的格式。

将如图5-37所示"物料清单"选项卡切换到如图5-39所示的"清单报告"选项卡，可用另一种方式显示零件清单。对话框的上部窗口列出了装配产品的信息，下部列表框用于设定信息窗口所要显示项目。单击【另存为】按钮可以将物料清单另外保存。

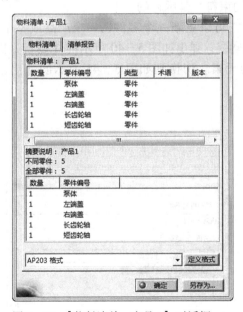

图5-37　【物料清单：产品1】对话框

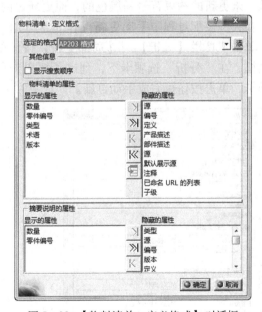

图5-38　【物料清单：定义格式】对话框

图 5-39 【物料清单：产品1】对话框的"清单报告"选项卡

5.6.2 更新分析

在改变某些零部件之间的约束或者修改零部件尺寸后，CATIA 需要更新。更新分为自动更新和手动更新。

工具栏上的【更新】按钮🗘是全局更新，即对所有修改过的内容进行刷新。在工作台区域，未更新的约束符号是黑色的，而更新过的约束符号是绿色的。

在大型装配过程中手动更新操作非常有用，它可以更新一个零件、一个产品或整个装配。单击工具栏【分析】→【局部更新】按钮🗘更新...，弹出如图 5-40 所示的【更新分析】对话框，在"分析"选项卡下，列出了要更新的元素。切换到如图 5-41 所示的【更新】选项卡，单击按钮🗘完成手动更新。

图 5-40 【更新分析】对话框的"分析"选项卡

图 5-41 【更新分析】对话框的"更新"选项卡

5.6.3 约束分析

"约束分析"是对当前装配产品中的约束关系进行分析，并统计各种约束类型。首先双击特征树上需要进行约束统计的部件，使其成为工作组件。再单击工具栏【分析】→【约束】按钮 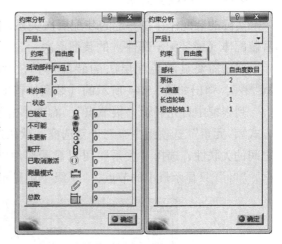，弹出【约束分析】对话框，在对话框"约束"选项卡中可以看到约束的各种信息，切换到"自由度"选项卡可以查看各部件的自由度情况，如图5-42所示。

图 5-42 【约束分析】对话框

5.6.4 自由度分析

三维空间中物体有 6 个自由度，即 3 个平移自由度和 3 个旋转自由度。设置约束的过程实际上就是减少自由度的过程。首先在特征树上激活需要分析自由度的零件，然后单击工具栏【分析】→【自由度】按钮 ，则在弹出的【自由度分析】对话框中列出了所选部件存在的自由度情况。如图 5-43 所示的泵体还有两个自由度。当再约束其中一个自由度后，泵体只剩下一个自由度。

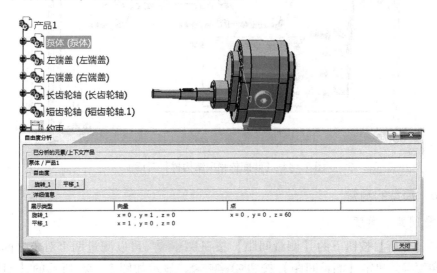

图 5-43 泵体的【自由度分析】对话框

在工作区域，旋转自由度以一个圆弧箭头和一个旋转轴的符号表示，而平移自由度以一个线段箭头表示。对于旋转自由度，【自由度分析】对话框列出了旋转轴矢量的各个分量及旋转中心点坐标，而平移自由度只列出了平移矢量的各个分量。

如果当前激活零件没有设置约束，则会弹出对话框，提示当前零件有 3 个平移自由度和 3 个旋转自由度。如果是已固定的部件，检查自由度时会提示该零件没有自由度。

5.6.5 依赖项分析

实际的装配体存在一定的装配层次关系，在 CATIA 中依据零部件的约束关系，可以查看装配体（或装配子部件）的装配层次。

双击需要显示装配层次的装配部件，然后单击工具栏【分析】→【依赖项】按钮 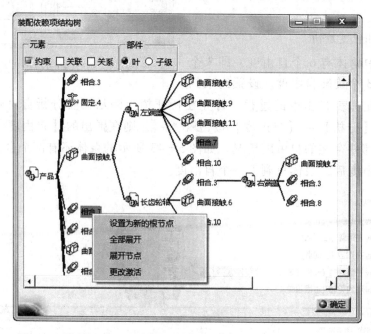依赖项...，弹出如图 5-44 所示的【装配依赖项结构树】对话框。

列表框中首先显示"根节点"，右键单击节点，在弹出的对话框中可以选择节点展开的方式。"元素"选项组中有三个复选框，默认选择是"约束"，选择"关联"可以显示部件之间的关联性，选择"关系"可以显示部件中隐含的关系。"部件"选项组中有两个复选框，"叶"只显示最小的节点，"子级"则显示部件中的所有的子集合。

图 5-44 【装配依赖项结构树】对话框

5.6.6 模型的测量

1. 测量间距、角度

工具栏【分析】按钮下的【测量间距】按钮 测量间距... 可以测量两个对象之间的参数，如距离、角度等。单击【测量间距】按钮 测量间距...，显示如图 5-45 所示的【测量间距】对话框，选择需要测量的元素，对话框和工作区域会显示测量项的距离。测量完成后单击【确定】按钮，测量结果会随着对话框的关闭而消失。如果在【测量间距】对话框中选中"保持测量"复选框，则测量结果会被保留。

【测量间距】对话框的"定义"选项组有 5 个测量用的工具按钮，其功能和用法如下：

➢ 📐（测量间距）：每次测量限选两个元素，如需再次测量，则需重新选择。

➢ 📐（在链式模式中测量间距）：第一次测量时选择两个元素，以后的测量都是以前一次选择的第二个元素作为再次测量的起始元素。

194

➢ 🔢（在扇形模式中测量间距）：第一测量时选择的第一元素一直作为以后每次测量的第一元素，因此，以后测量只需选择测量的第二元素即可。

➢ 📊（测量项）：测量某个几何元素的特征参数，如长度、面积、体积等。

➢ 📐（测量厚度）：此按钮专门用于测量几何体厚度。

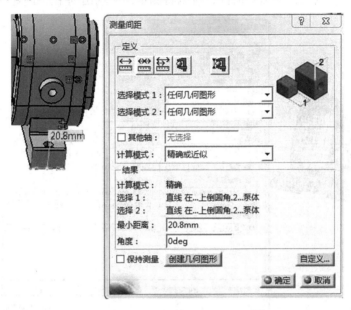

图 5-45　【测量间距】对话框

2．测量项

【测量项】按钮 📊 测量项... 可以测量曲线长度、几何体厚度、面积和体积。单击该按钮，显示如图 5-46 所示的【测量项】对话框，选择需要测量的元素，对话框和工作区域会显示测量结果。测量曲线长度和面积方法同上。测量厚度则需在"定义"选项组中单击测量厚度按钮 📐，测量体积则需在特征树中选取"零部件几何体"为测量项。

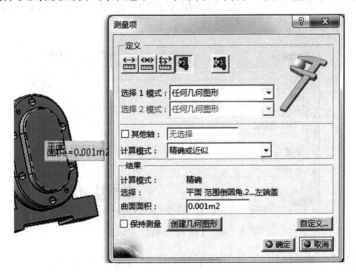

图 5-46　【测量项】对话框

3. 测量惯量

【测量惯量】按钮 ![图标] 测量惯量... ，可以测量几何体的体积、质量、重心坐标和惯性矩等实体物性。如图 5-47 所示的【测量惯量】对话框，在特征树上选择泵体，对话框会显示测量结果。单击【导出】按钮，弹出对话框，可以将测量结果输出到指定的文件。

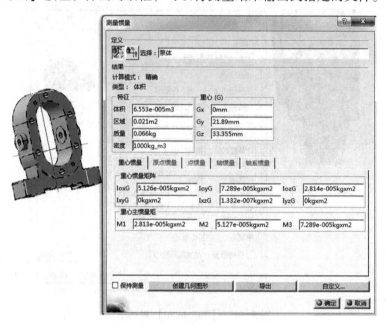

图 5-47 【测量惯量】对话框

5.6.7 计算碰撞

【计算碰撞】命令可以分析两个零部件之间的位置关系。单击工具栏【分析】→【计算碰撞】按钮 ![图标] 计算碰撞... ，弹出如图 5-48 所示的【碰撞检测】对话框。用〈Ctrl〉键配合，选取待分析的两个零件，在"定义"下拉列表框中选择"碰撞"，单击【应用】按钮，"结果"列表中会显示以下结果之一：

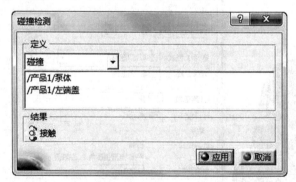

图 5-48 【碰撞检测】对话框

➢ 红灯、"碰撞"：表示两个零件发生干涉，干涉部分呈红色显示。
➢ 绿灯、"无碰撞"：表示两个零件未发生干涉。

➤ 黄灯、"接触"：表示两个零件表面接触。

如果在"定义"下拉列表框中选择"间隙"，在新增加的文本框中输入间隙值，单击【应用】按钮，"结果"列表中会显示以下结果之一：

➤ 红灯、"碰撞"：表示两个零件间隙小于设定值，干涉部分呈红色显示。

➤ 绿灯、"无碰撞"：表示两个零件间隙大于设定值。

➤ 黄灯：若表面接触，则显示"接触"；若间隙不足，则显示"危机"。

5.6.8　碰撞（干涉）分析

【干涉（碰撞）】检测工具按钮  可以分析当前装配体部件之间是否存在干涉关系，分析部件干涉类型，并显示出干涉部位，计算出部件之间的距离。

打开装配文件，单击工具栏【分析】→【干涉（碰撞）】按钮 ，弹出如图 5 - 49 所示【检查碰撞】对话框。

图 5 - 49　【检查碰撞】对话框

对话框中"类型"可以有以下选择：

➤ "接触 + 碰撞"：检测部件之间是否有接触或碰撞。

➤ "间隙 + 接触 + 碰撞"：检测部件之间是否有间隙或碰撞，如果存在间隙，是否超过设定的间隙。

➤ "已授权的贯通"：检测部件之间是否有碰撞，如果有碰撞，是否超出设定的碰撞界限。

➤ "碰撞规则"：允许使用知识顾问的规则等检测碰撞。

对话框中分析对象范围可以有以下选择：

➤ "一个选择内"：在一个选择范围之内的所有部件之间进行干涉检测。

➤ "选择之外的全部"：在选择的对象和剩余对象之间进行干涉检测。

➤ "在所有部件之间"：在所有部件之间进行干涉检测。

➤ "两个选择之间"：在两组实体或装配体之间进行干涉检测。

例如，选取齿轮泵作为检测对象，"间隙 + 接触 + 碰撞"作为检测类型，"在所有部件之间"作为检测范围，单击【应用】按钮，检测结果如图 5 - 50 所示【检查碰撞】对话框。

对话框中列出了干涉的具体类型和数目，并列出碰撞类型。单击某一个碰撞部件，弹出预览窗口，可以详细观察部件干涉部位，如图 5 - 51 所示。

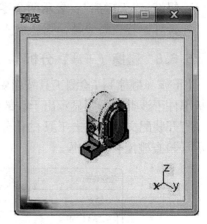

图 5-50 齿轮泵【检查碰撞】对话框　　　　图 5-51 检查碰撞【预览】窗口

5.6.9 截面分析

利用截面分析功能，可以自动生成装配模型任意位置和任意方向的截面，详细分析、观察部件内部结构。

单击工具栏【分析】→【切割】按钮切割...，模型工作区会出现一个截面和一个坐标系；弹出的窗口中显示该截面下的剖切模型，并弹出【切割定义】对话框，对话框中有四个选项卡，分别为"定义""定位""结果"和"行为"，如图 5-52 所示。

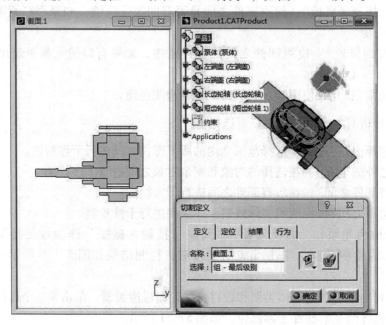

图 5-52 【切割定义】对话框"定义"选项卡

通过选择可以指定需要剖切的零部件。切换至"定位"选项卡后，能够指定多种定位的截平面。在"法线约束"中，可以选择"X""Y""Z"三个坐标轴之一，使截平面垂直于所选的坐标轴，如图5-53所示。

打开【切割定义】对话框中"结果"选项卡，如图5-54所示，该选项卡功能是用于处理截面显示的形式和状态。

 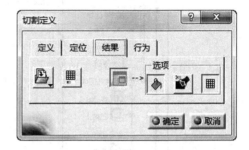

图5-53 【切割定义】对话框"定位"选项卡　　图5-54 【切割定义】对话框"结果"选项卡

而在【切割定义】对话框"行为"选项卡中，可以指定"手动更新""更新"或者"冻结截面"三种方式之一。在选项卡窗口中右键单击数表，则快捷菜单中能够按照特定的需求选择"2D锁定"旋转、翻转等截面方式。如图5-55所示。

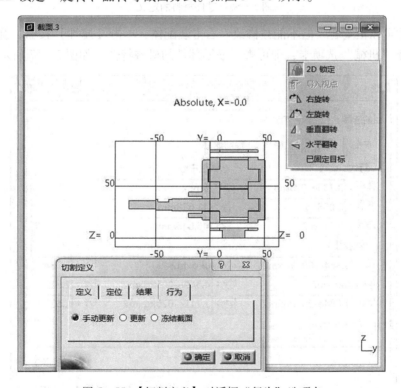

图5-55 【切割定义】对话框"行为"选项卡

5.6.10 查看机械特性

机械特性是指零件和装配的物理特性。首先选择【应用材料】按钮　，给零件定义材料，然后选择需要的材料并拖动该材料至部件，则应用材料会在特征树上显示，如图 5 - 56 所示，单击【确定】按钮，完成材料的定义。

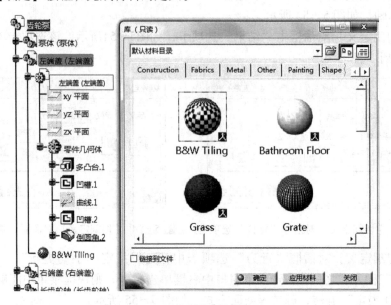

图 5 - 56　零件材料的定义

机械特性可以被查看，但不能被修改。右击装配体，单击【属性】按钮，弹出【属性】对话框，打开"机械"选项卡，即可查看该零部件的机械特性，如图 5 - 57 所示。

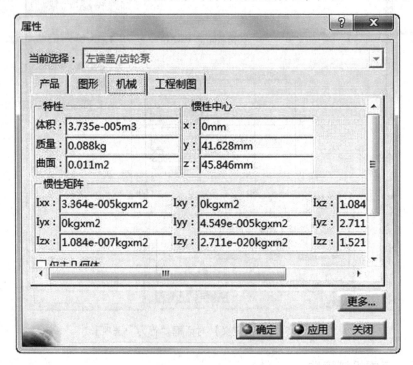

图 5 - 57　零部件的机械特性

5.7 保存装配文件

要保存装配文件,可以在工具栏【文件】菜单中选择【保存】命令进行保存,文件菜单中有四个保存的相关命令,如图 5 - 58 所示,其作用及用法分别叙述如下。

5.7.1 保存

【保存】命令可智能快速保存当前的装配文件,而打开或新建部件则不能保存。如果装配文件中有新建或已修改的部件,保存时会显示【保存】警告对话框,如图 5 - 59 所示。提示用户用"保存管理"命令保存其他打开的文件,如果选择【确定】按钮,则保存当前装配文件。

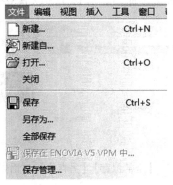

图 5 - 58　保存命令　　　　　　　　　　图 5 - 59　【保存】警告对话框

如果是新建装配文件,系统会显示【另存为】文件对话框,如图 5 - 60 所示,要求用户为装配文件输入文件名并选择保存路径。

注意:文件名只能用字母、数字或符号命名,不能使用中文文件名,否则会出现错误。因此,为装配文件或零部件文件命名时,最好使用英文、汉语拼音或图号等命名。

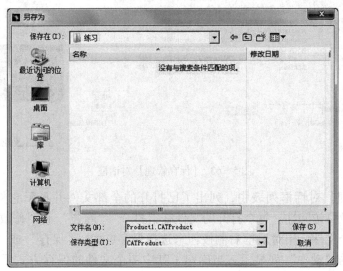

图 5 - 60　【另存为】文件对话框

5.7.2 另存为

执行【另存为】命令可以把当前文件以一个新文件保存，或保存到另一个路径下某文件夹中。

5.7.3 全部保存

用【全部保存】命令可以保存当前打开并修改过的全部文件。操作时，如果有新文件或只读文件，系统会显示如图 5－61 所示【全部保存】警告对话框，提示有的文件不能自动保存。如果单击【取消】按钮，将不保存这些文件；如果单击【确定】按钮，则显示如图 5－62 所示的【全部保存】和【另存为】对话框。在对话框中选择每个要保存的文件，再单击【另存为】按钮，在【另存为】对话框中可以为新文件命名，并逐个依次保存文件。

图 5－61　【全部保存】警告对话框　　　　图 5－62　【全部保存】【另存为】对话框

5.7.4 保存管理

执行【保存管理】命令，显示【保存管理】对话框，如图 5－63 所示。在该对话框中，可以选择已打开的全部文件的保存方式。这是最常用的保存命令。

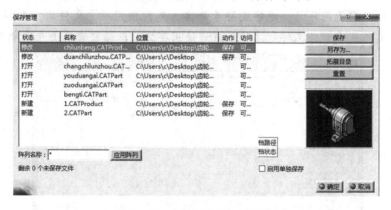

图 5－63　【保存管理】对话框

在【保存管理】对话框列表中，列出了已打开的全部文件并显示它们的状态、名称、保存位置、动作及可访问性。每个打开的文件有"打开""新建"和"修改"三种状态。

可以选择一个文件，用对话框右侧按钮来选择保存方式："保存"或"另存为"，保存的方式会在列表的"动作"列显示。当确定了其中一个文件的保存方式后，其他的新文件或修改过的文件会自动保存。

如果要把装配中的全部文件都保存到一个新的文件夹中，在【保存管理】对话框中单击【拓展目录】按钮，全部文件会另存到另一个文件夹的产品文件中。

当执行上述操作后，只是制定了一个保存方案。如果需要改变这个保存方案，可以单击【重置】按钮，就可以重置该方案。

单击【确定】按钮，系统开始按用户制定的保存方案保存每个文件，这时界面会显示保存进度的滚动条，显示保存的进度情况。

5.8　装配实例

5.8.1　齿轮泵的装配

1. 零件的导入

1）新建一个装配体文件。

2）双击树形结构中的"产品 1"，单击插入按钮，在弹出的【选择文件】对话框中选择第 3 章已经创建好的零件模型。

3）可以分别导入各个零部件，也可以一次性导入多个零部件。导入零部件后的图形区域如图 5 - 64 所示。

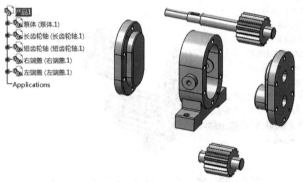

图 5 - 64　已导入的零部件

2. 齿轮轴和左端盖装配

1）单击【相合】约束按钮，然后选择短齿轮轴的轴线以及左端盖下面的齿轮轴安装孔轴线，如图 5 - 65 所示。

图 5 - 65　定义短齿轮轴轴线及安装孔轴线

2）单击【接触】约束按钮，然后选择短齿轮轴的端面和左端盖的齿轮轴安装孔的端面，然后单击【更新】按钮，短齿轮轴与左端盖的装配关系如图 5-66 所示。

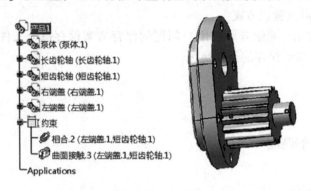

图 5-66 短齿轮轴与左端盖的装配关系

3）单击【相合】约束按钮，然后选择长齿轮轴的轴线以及左端盖上面的齿轮轴安装孔轴线，如图 5-67 所示。

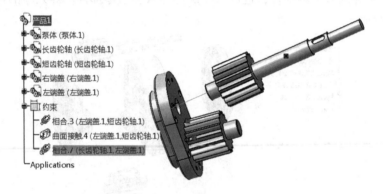

图 5-67 定义长齿轮轴轴线及安装孔轴线

4）单击【接触】约束按钮，然后选择长齿轮轴的端面和左端盖的齿轮轴安装孔的端面，然后单击【更新】按钮，长齿轮轴与左端盖的装配关系如图 5-68 所示。

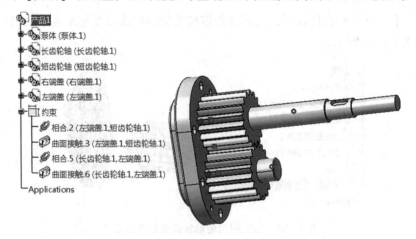

图 5-68 长齿轮轴与左端盖的装配关系

3. 左端盖与泵体装配

1）选择泵体，然后单击按钮，将泵体设置为固定约束，如图 5-69 所示。

图 5-69　泵体空间位置的固定

2）单击【接触】约束按钮，选择泵体的左端面和左端盖的安装平面，然后单击【更新】按钮，得到的泵体和左端盖的面装配关系如图 5-70 所示。

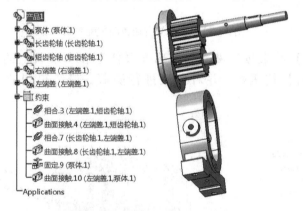

图 5-70　泵体和左端盖的面装配关系

3）单击【相合】约束按钮，分别选择泵体上和左端盖上的两个定位销孔的轴线，然后单击【更新】按钮，得到的泵体和左端盖装配关系如图 5-71 所示。

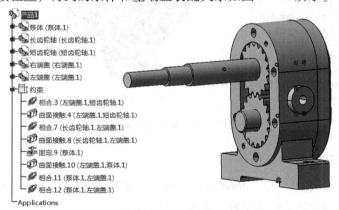

图 5-71　泵体和左端盖的装配关系

4．右端盖与泵体的装配

1）单击【接触】约束按钮<img_1>，选择泵体的右端面和右端盖的安装平面，然后单击【更新】按钮<img_1>，得到的泵体和右端盖的面装配关系如图 5-72 所示。

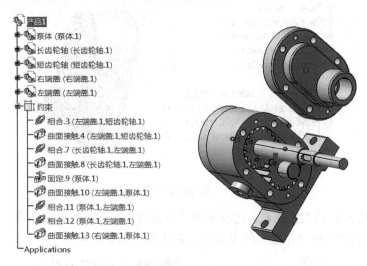

图 5-72　泵体与右端盖面装配关系

2）单击【相合】约束按钮<img_1>，分别选择泵体上和右端盖上的两个定位销孔的轴线，然后单击【更新】按钮<img_1>，并对约束进行隐藏，最终得到的齿轮泵装配图如图5-73所示。

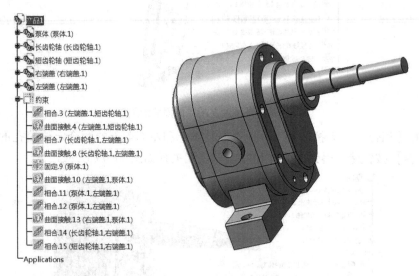

图 5-73　齿轮泵装配图

5.8.2　支座装配体

1）单击菜单栏，新建一个"Product"文件，单击插入按钮<img_1>，导入所有零部件，利用罗盘将零部件整合到合适的空间位置，如图5-74所示。

2）选择底座，然后单击按钮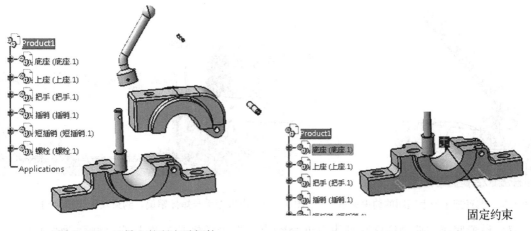，将底座设置为固定约束，如图 5-75 所示。

图 5-74　已导入的所有零部件

图 5-75　底座固定约束

3）单击【相合】约束按钮，选择底座的上表面和螺栓头相应的表面，设置面与面重合装配关系；再次单击【相合】约束按钮，选择螺栓的轴线和底座相对应孔的轴线，设置线与线重合装配关系；单击【更新】按钮，得到结果如图5-76所示。

4）单击【相合】约束按钮，分别选择底座侧面和上座相对应的侧面，底座上表面和上座下表面，设置为面与面重合装配关系；再选择螺栓轴线和上座相对应孔轴线，设置为线与线重合的装配关系；单击【更新】按钮，得到结果如图 5-77 所示。

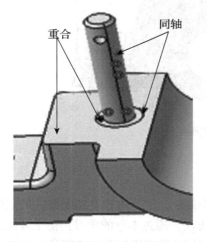

图 5-76　设置相合约束和同轴约束 1

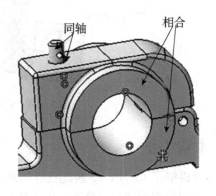

图 5-77　设置相合约束和同轴约束 2

5）单击【相合】约束按钮，再设置螺栓与把手轴线之间的同轴关系，以及螺栓与把手上孔的同轴关系。同样，还要设置上座上表面和把手下表面的面与面重合关系约束，更新后结果如图 5-78 所示。

6）设置把手上孔轴线和短插销轴线为重合约束；设置短插销顶端面和把手中间轴线为偏移约束，设置的偏移距离为"−9mm"；如图 5−79 所示。

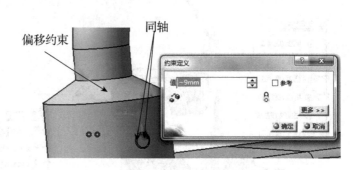

图 5−78　设置把手与上座间的约束关系　　　图 5−79　设置把手与短插销偏移约束及轴线重合约束

7）设置底座与插销连接孔轴线为重合约束；设置插销顶端面与底座侧面为偏移约束，设置偏移距离为"1mm"。

8）单击【更新】按钮 ◎，完成支座模型装配，如图 5−80 所示。

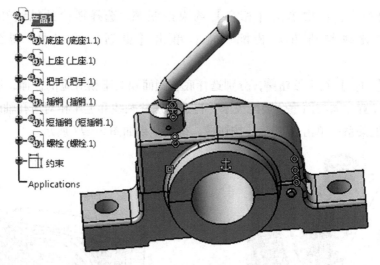

图 5−80　完成约束设置的支座装配体

本章小结

本章讲解了 CATIA V5 装配设计的基础知识和操作命令，主要内容有装配部件的创建与移动、装配约束的建立与修改，以及装配分析等基本方法。通过本章的学习，初学者能够熟悉 CATIA V5 装配设计的基本操作命令，并通过具体实例的装配讲解掌握装配设计的基本方法。本章的重点和难点为装配约束的正确建立、装配分析的具体应用，希望初学者按照讲解方法进一步开展实例练习，完全掌握装配设计的内容及相关知识。

复习题

一、选择题

1. 在装配中插入一个现有文件并能够进行定位的工具是（　　）

A. 　　B.　　　C.　　　D.

2. 在装配图中新建零部件使用以下哪个命令按钮（　　）

A.　　　B.　　　C.　　　D.

3. 在装配设计过程中，可以装配插入哪组文件类型的组件？（　　）

A. Body、Feature、Wireframe、Surface

B. Shaper、Curve、Spline、Point

C. CATDrawing、Model、IGES、CATPart

D. CATProduct、CATPart、Model、IGES

4. 下列工具所创建的约束类型分别是_____（　　）

A. 距离约束　B. 相合约束　C. 固定约束　D. 接触约束　E. 固联约束　F. 角度约束

5. 以下对于装配描述错误的是（　　）

A. 装配中使用的部件可以是预先存在的部件

B. 装配文档以"CATProduct"为扩展名

C. 装配同样也包含结构树，结构树显示插入的部件和约束

D. 装配中无法对插入的部件进行编辑修改

二、简答题

1. 装配设计的显示模式和设计模式有何不同？

2. 能否利用偏移约束实现两个平面的重合或接触约束？

3. 怎样将一个子装配体插入到一个已经存在的装配体中？

4. 在装配过程中，如果零件编号发生了冲突该怎样处理？

5. 怎样检查装配体是否存在干涉问题？

三、上机操作题

请按图 5 - 81 所示将活塞装配体模型的各零部件装配成产品。

四、综合题

请对某汽车万向节产品（图 5 - 82）进行三维数字化建模（包括各零件模型及装配）。

图 5 - 81　活塞装配体模型

a) 万向节装配图

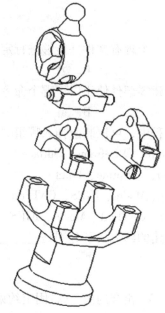

b) 万向节装配爆炸图

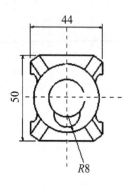

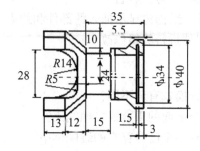

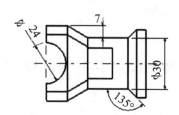

c) 万向节下接头零件图

图 5-82

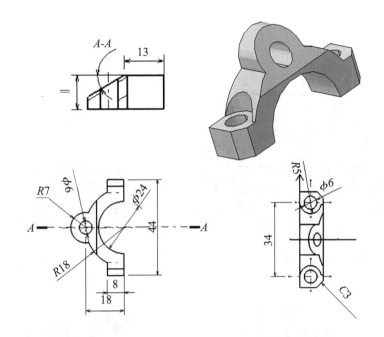

d）万向节侧连接件零件图

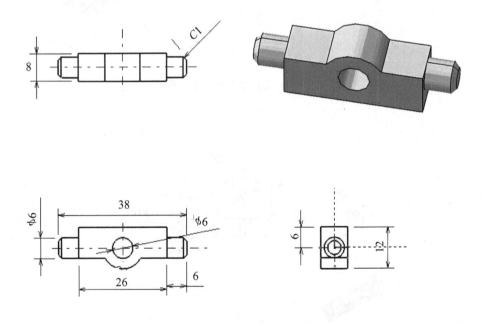

e）万向节中心连接件零件图

图 5－82（续）

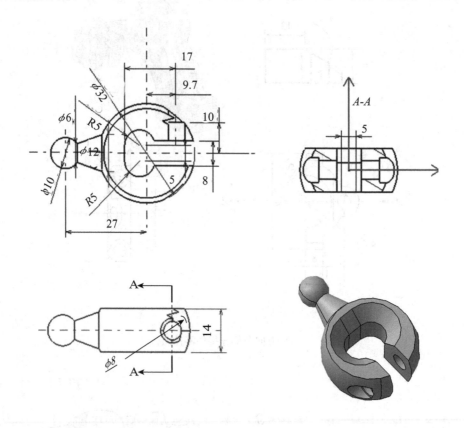

f) 万向节上接头零件图

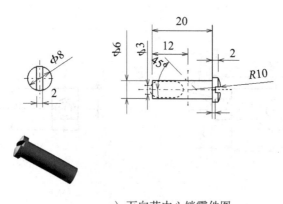

g) 万向节中心销零件图

图 5 - 82（续）

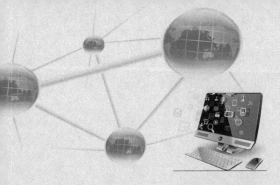

第6章 工程图设计

工程图设计是 CATIA 软件应用于机械设计的重要组成部分。工程图设计可以很方便地将三维零、部件及装配体生成与之相关联的工程图样，包括各个方向视图、剖面图、局部放大图、轴测图等。同时，工程图设计中可选择自动标注或手动标注，可以进行剖面线填充，还可以根据自行定义生成符合企业标准的图样，生成装配体材料明细表等。因此，工程图设计在 CATIA 应用中占有十分重要地位，也是三维软件设计功能的关键优势之一。

☞ **本章主要内容：**
  ◆ 工程图设计环境
  ◆ 工程图的生成
  ◆ 工程图编辑和修改
  ◆ 工程图尺寸与标注

☞ **本章教学重点：**
  工程图生成和工程图尺寸与标注

☞ **本章教学难点：**
  工程图的尺寸与标注

☞ **本章教学方法：**
  讲授法和案例教学法

6.1 工程图设计概述

在 CATIA 中开展工程图设计，必须首先完成零件、部件或装配体的三维建模，然后用三维零部件或装配体来生成工程图。生成的工程图与三维设计对象之间保持链接（关联）关系，当三维设计对象发生了设计变更或尺寸变化时，仅需要对工程图重新更新，工程图就会根据三维设计对象的变化而自动发生变化（更新），生成新的工程图样。

工程图也可以不依赖三维设计模型，仅利用绘制图形和编辑图形功能就可以直接创建二维工程图。

6.2 工程图设计工作环境

6.2.1 进入和退出工程图绘制环境

1. 从【开始】菜单进入工程图绘制环境

选择菜单【开始】→【机械设计】→【工程制图】，弹出如图 6-1 所示的【新建工程图】对话框。

图 6-1 【新建工程图】对话框

通过"标准"下拉列表框选择制图标准，共有 ISO（国际标准）、ANSI（美国标准）等 7 种选择；通过"图纸样式"下拉列表框选择图纸大小；通过"纵向"和"横向"单选按钮选择图幅的方位。若选中"启动工作台时隐藏"复选框，则再次新建工程图时将不再显示该对话框。

单击【确定】按钮，即可进入如图 6-2 所示工程图绘制工作环境，建立一个新的图形文件。重复以上操作，即可反复建立新的图形文件。

注：CATIA 允许同时建立多个图形文件。

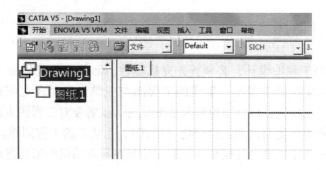

图 6-2 工程图绘制工作环境

2. 从【文件】菜单进入工程图绘制环境

选择菜单【文件】→【新建】或单击按钮□，弹出如图 6 - 3 所示【新建】对话框。选择该对话框中"类型列表"中的"Drawing"，然后单击【确定】按钮，即可弹出如图 6 - 1 所示的【新建工程图】对话框。通过对【新建工程图】对话框的相应操作，即可进入工程图绘制环境，开始建立一个新的图形文件。

图 6 - 3　【新建】对话框

3. 从零件设计环境进入工程图绘制环境

当选中了【新建工程图】对话框中"启动工作台时隐藏"复选框后，选择菜单【开始】→【机械设计】→【工程制图】，系统就会弹出如图 6 - 4 所示的【创建新工程图】对话框。单击【确定】按钮，创建对话框空白栏中显示的工程图文件；若单击【修改】按钮，则弹出如图 6 - 1 所示【新建工程图】对话框，即可重新定义工程图参数。图 6 - 4 所示对话框中的"选择自动布局"下的四个

图 6 - 4　【创建新工程图】对话框

图标的含义依次为：无视图布局、六面视图和轴测图布局、主仰右视图（通常称为第三视角）布局以及主俯左视图（通常称为第一视角）布局。选择视图布局之后，单击【确定】按钮，进入工程图绘制环境，建立一个新的图形文件。

4. 工程图的保存

工程图编辑完后可以将其保存为 CATIA 的"CATDrawing"文件格式，同样也可以保存为通用的"DWG"文件格式。方法是：选择【文件】→【另存为】命令，出现如图 6 - 5 所示的【另存为】对话框，在"保存类型"下拉列表中选择保存文件的类型，在"文件名"文本框中输入相应文件名，然后单击【保存】按钮。

图 6 - 5　【另存为】对话框

6.2.2　设置工程图绘制环境

选择菜单【工具】→【选项】，弹出【选项】对话框，单击该对话框内特征树的"工程制图"结点，即可显示如图 6 - 6 所示的"常规"选项卡及"布局""视图"等多个选项卡标签。

"常规"选项卡可以设置"标尺""网格""颜色""结构树""视图轴"等工程图相应特性。例如，若选中"显示标尺"复选框，则将显示水平和垂直方向的标尺；可以设置网

格间距值、网格显示状态以及是否启用网格捕捉等。

"布局"选项卡可以控制是否显示视图的名称、视图的框架和缩放比例等。

"视图"选项卡可以控制是否生成三维实体的轴线、中心线、圆角、螺纹等图形对象。

注：在创建工程图的过程中也可以通过快捷菜单来设置或改变当前的绘图环境。

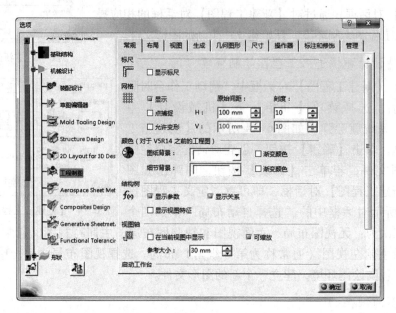

图 6-6 【选项】对话框

6.2.3 工程图工作台的用户界面和术语

1. 用户界面

进入工程图工作台，显示的是一个二维工作界面，如图 6-2 所示。左边窗口显示一个树状图，记录工程图中的每个图纸页及图纸页中生成的各种视图。右边是工作区，该区域中显示的是图纸页面，在图纸页面中可以根据需要建立各种视图。

窗口的周边是工具栏，工程图工作台中的工具栏较多，平时不常用的工具栏可以隐藏起来，仅在界面中显示常用的工具栏。通常工程图工作台包含以下常用工具栏：

（1）【视图】工具栏　如图 6-7 所示。用该工具栏中命令可以生成各种视图，包括：投影图、剖面图、局部放大图、断开视图、局部剖视图以及生成视图向导等。

（2）【生成】尺寸工具栏　如图 6-8 所示。用该工具栏中命令可以自动生成尺寸标注和零部件的编号。

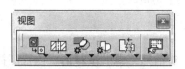

图 6-7 【视图】工具栏

图 6-8 【生成】尺寸工具栏

（3）【工程图】工具栏　如图 6-9 所示。该工具栏中包括建立新工程图、视图和应用二维图的命令。

（4）【几何图形创建】工具栏　如图 6－10 所示。使用该工具栏中的命令可以绘制由点、线等几何元素组成的二维工程图。这些命令包括建立点、线段、圆和圆弧、多段线及预定义图形、样条曲线和连接曲线以及二次曲线等。

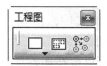

图 6－9　【工程图】工具栏　　　　　图 6－10　【几何图形创建】工具栏

（5）【几何图形修改】工具栏　如图 6－11 所示。用该工具栏中的命令可以编辑修改二维图形，进行圆角或倒角、变换等操作以及建立几何约束等。

（6）【尺寸标注】工具栏　如图 6－12 所示。用该工具栏中的工具可以建立各种尺寸标注、特征尺寸标注、修改尺寸标注、形位公差⊖及基准标注等。

图 6－11　【几何图形修改】工具栏　　　　图 6－12　【尺寸标注】工具栏

（7）【标注】工具栏　如图 6－13 所示。该工具栏中的命令可以建立文字注释、标注粗糙度、焊接符号和表格等。

（8）【文本属性】工具栏　如图 6－14 所示。用该工具栏中的命令可以修改文字的字体、字高、文字修饰、对齐方式以及建立特殊符号等。

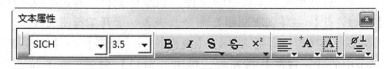

图 6－13　【标注】工具栏　　　　　　　　图 6－14　【文本属性】工具栏

（9）【尺寸属性】和【数字属性】工具栏　如图 6－15 所示。用该工具栏中的命令可以修改尺寸标注的样式、公差形式、公差值、数字的格式和精度等。

图 6－15　【尺寸属性】和【数字属性】工具栏　　　图 6－16　视图【修饰】工具栏

（10）视图【修饰】工具栏　如图 6－16 所示。用该工具命令可以绘制圆的中心线、圆柱（圆锥）的轴线、螺纹符号、剖面线和箭头等。

2. 常用术语

在 CATIA 中，一个工程图中可以包含多个图纸页，每个图纸页中可以包含多种视图，

⊖　按国家标准 GB/T1182—2008，"形位公差"应改为"几何公差"。但因 CATIA 软件中采用"形位公差"，故本书中不予修改。

屏幕上每个视图的内容都显示在各自的虚线框中。

注：红色虚线框中的视图是当前活动视图，活动视图在特征树上显示有下划线，非当前活动视图的边框应该是蓝色的。

每个工程图都可以保存为一个扩展名为"CATDrawing"的文件，在同一个 CATDrawing 文件中可以保存用户在该工程图工作台中建立的各种二维对象。

1）工程图（Drawing）是用户建立的二维工程图文件，可以保存在磁盘上。

2）图纸页（Sheet）是工程图中的某一页图样，可以表达一个零部件、一个装配体或一个视图中的内容。

3）视图（View）是图纸页虚线框中的内容，可以是投影视图、剖视图、辅助视图等，当前处于活动状态的视图边框是红色虚线。

6.3 生成工程图和视图

6.3.1 投影视图

单击如图 6-7 所示【视图】工具栏上按钮 右下角的三角按钮，会展开如图 6-17 所示的【投影】工具条，利用这里提供的功能按钮可以生成各种基本投影。

1. 建立正视图

通常建立的第一个视图应该是正视图，步骤如下：

1）打开要建立工程图的文件，如泵体文件"bengti. CATPart"，单击菜单【开始】→【机械设计】→【工程制图】命令，进入一个新工程图文件。

2）选择菜单【插入】→【视图】→【投影】→【正视图】或单击如图 6-17 所示工具条中的【正视图】按钮 ，单击【窗口】命令，在下拉菜单中选择如图 6-18 所示的"bengti. CATPart"文件，进入零件设计平台。

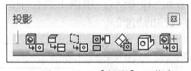

图 6-17　【投影】工作条　　　　图 6-18　选择"bengti. CATPart"文件

3）在特征树或三维模型形体上选取一个投影面的平行面。假定选取了形体的端面，单击左键后系统自动返回到绘制工程图窗口，结果如图 6-19 所示。

4）在工程图的工作平台上出现一个蓝色的圆形操纵盘，如图 6-19 所示。单击操纵盘上的四个三角箭头中的任意一个，形体可以按箭头方向旋转 90°；也可单击操纵盘中部两个旋转按钮，则在投影面内可以改变视图，其旋转间隔为 30°。

5）单击蓝色圆点或图样上任意一点，就可以生成正视图。

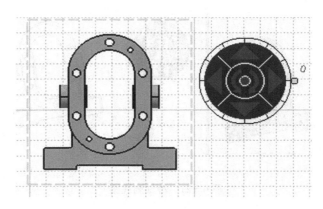

图 6 - 19　初始的视图和操纵盘

2. 建立其他基本视图

三维模型形体的俯视图、左视图、右视图和仰视图只能通过正视图间接获取。假定已得到主视图，随后的操作如下：

1）选择菜单【插入】→【视图】→【投影】→【投影】或单击【投影视图】按钮▣。

2）在工作台上移动鼠标，会发现随着鼠标与"正视图"相对应的位置不同，会在工作台上出现不同的投影视图。图 6 - 20 所示为鼠标在"正视图"右侧所显示的左视图结果。

3）通过这种方法可以获得模型形体的俯视图、左视图、右视图和仰视图。

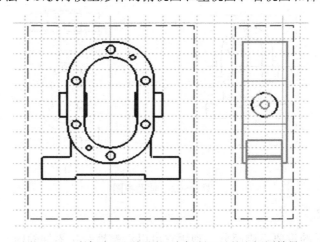

图 6 - 20　鼠标在"正视图"右侧所显示的左视图结果

3. 建立等轴测视图

因为等轴测视图与基本视图没有对齐关系，所以可以不依赖主视图而单独建立。具体操作如下：

1）选择菜单【插入】→【视图】→【投影】→【等轴测视图】或单击【等轴测视图】按钮▣。

2）激活零件设计窗口，然后在特征树或模型形体上选取一个平面，系统再返回到绘制工程图窗口，如图 6 - 21a 所示。

3）通过操纵盘可以调整模型形体与图纸的角度，然后单击操纵盘外一点，得到如图 6 - 21b 所示的模型的等轴测视图。

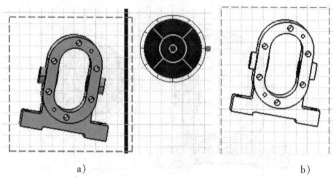

a)   b)

图 6 - 21   等轴测视图

4. 建立辅助视图

辅助视图的功能是可以生成特殊视角的投影视图。例如，有些模型体的表面与基本投影面之间不平行、有倾角，若要表达这种平面的实际形状，则通常采用辅助视图。获取辅助视图的一般步骤如下：

1）选择菜单【插入】→【视图】→【投影】→【辅助视图】或单击【辅助视图】按钮 。

2）在工作台上单击两点生成一条直线段，如图 6 - 22a 所示，然后移动鼠标生成视图，此视图即是以当前视图为基准垂直线段所生成的辅助投影视图。

3）在工作台上单击一点确定视图位置，生成辅助视图，如图 6 - 22b 所示。

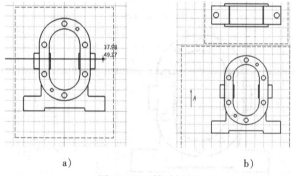

a)   b)

图 6 - 22   辅助视图

6.3.2   剖视图

剖视图是工程图的重要组成部分，利用它可以清楚地表达零件的内部结构。剖视图利用图 6 - 23 所示的工具栏上的功能按钮来完成。

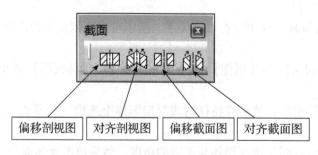

图 6 - 23   剖视图【截面】工具栏

1. 建立全剖视图

全剖视图是利用一个平行于投影的平面剖切模型体后得到的视图。具体操作如下：

1）在虚线框上双击可以确定剖切平面的视图，使其成为活动视图。

2）选择菜单【插入】→【视图】→【截面】→【偏移剖视图】或单击【偏移剖视图】按钮。

3）在活动视图内输入两个点，系统会自动完成两点间的连线，该连线即为剖切平面的位置。移动鼠标，系统则动态地显示如图6-24a所示的模型体的投影。

4）移动鼠标，调整剖视图的位置和投影方向，单击左键，即可得到如图6-24b所示的全剖视图。

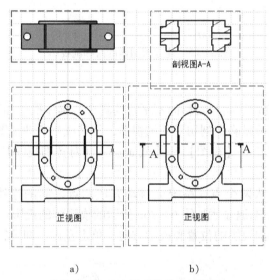

a)　　　　　　　　b)

图6-24　建立模型体的全剖视图

2. 建立阶梯剖视图

阶梯剖视图是利用一组平行于投影的平面，剖切模型体后得到的视图。具体操作如下：

1）在虚线框上双击可以确定剖切平面的视图，使其成为当前活动视图。

2）选择菜单【插入】→【视图】→【截面】→【偏移剖视图】或单击【偏移剖视图】按钮。

3）在活动视图内输入两个以上点，系统会自动完成相邻点之间直角阶梯状的折线，该折线即为剖切平面的位置。移动鼠标，系统则动态地显示如图6-25a所示的模型体的投影。

4）移动鼠标，调整剖视图的位置和投影方向，单击左键，即可得到如图6-25b所示的阶梯剖视图。

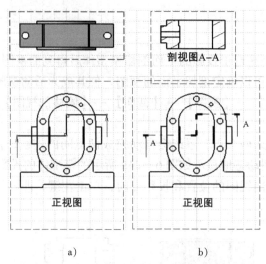

剖视图A-A

正视图　　正视图

a)　　　　　　　b)

图 6 - 25　建立模型体的阶梯剖视图

3．建立斜剖视图

斜剖视图主要用于剖切平面与投影面不平行的场合。具体操作如下：

1) 在虚线框上双击可以确定剖切平面的视图，使其成为活动视图。

2) 选择菜单【插入】→【视图】→【截面】→【对齐剖视图】或单击【对齐剖视图】按钮 。

3) 在活动视图内输入两个点，系统会自动完成两点之间的连线，确定剖切平面的位置。移动鼠标，系统则动态地显示如图 6 - 26a 所示的模型体的投影。

4) 移动鼠标，调整剖视图的位置和投影方向，单击左键，即可得到如图 6 - 26b 所示的斜剖视图。

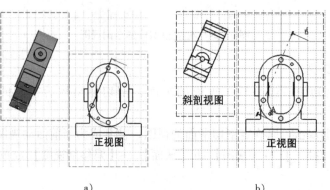

正视图　　斜剖视图　　正视图

a)　　　　　　　b)

图 6 - 26　建立形体的"斜剖视图"

4．建立旋转剖视图

旋转剖视图是用一些相交的垂直于投影面的平面，剖切模型体后展开投影得到的视图。具体操作如下：

1) 在虚线框上双击确定需要剖切平面的视图，使其成为活动视图。

2) 选择菜单【插入】→【视图】→【截面】→【对齐剖视图】或单击【对齐剖视图】

按钮 。

3）在活动视图内输入两个以上的点，这些点形成的折线即为剖切平面。移动鼠标，系统则动态地显示如图 6 - 27a 所示的模型体的投影。

4）移动鼠标，调整剖视图的位置和投影方向，单击左键，即可得到如图 6 - 27b 所示的旋转剖视图。

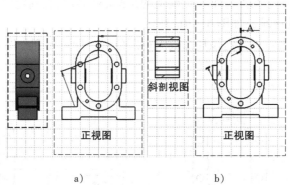

a)　　　　　　　　　　　b)

图 6 - 27　建立模型体的"旋转剖视图"

5. 建立截面分割视图

图 6 - 23 所示工具栏上还有两个按钮 ，二者分别用于生成"偏移截面图"和"对齐截面图"。它们与前两个按钮的使用方法相同，但结果略有不同。剖视图相当于把零件剖开后从垂直于剖面的角度看过去所能看到的图像，而截面图就是反应剖面所在面的图像。两者的区别如图 6 - 28 所示。

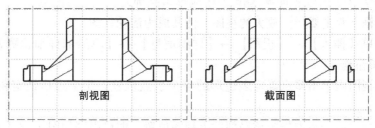

图 6 - 28　剖视图和截面图的区别

6.3.3　局部视图

在工程图绘制过程中，主要视图中总会有一些精细的地方显示不清楚，如果将整个视图放大，会占据很大的图纸空间。通常情况下是以正常比例绘制整个视图，然后将精细的地方利用局部放大视图放大绘制。绘制局部放大视图可以利用如图 6 - 29 所示【详细信息】工具栏上各功能按钮来完成。

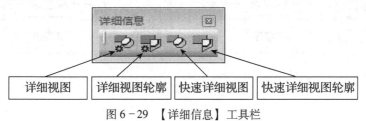

图 6 - 29　【详细信息】工具栏

1. 建立圆形区域的局部放大图（详细视图）

1）在虚线框上双击要局部放大的视图，使其成为活动视图。

2）选择菜单【插入】→【视图】→【详细信息】→【详细视图】或单击【详细视图】按钮 🔗。

3）在活动视图内单击两点，第一点确定的是圆心，第二点确定的是半径，用这两点确定的圆圈锁定要放大的区域，如图6-30a所示。

4）移动鼠标，单击一点指定该局部放大视图位置，即可得到如图6-30b所示的局部放大图。

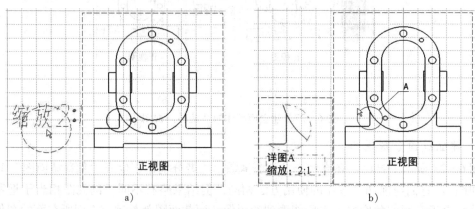

图6-30　建立形体的圆形区域局部放大图

2. 建立多边形区域的局部放大图（详细视图轮廓）

1）在虚线框上双击要局部放大的视图，使其成为活动视图。

2）选择菜单【插入】→【视图】→【详细信息】→【草绘的详细轮廓】或单击【详细视图轮廓】按钮 🔗。

3）在活动视图内单击多点确定多边形的各个顶点位置，用多边形锁定要放大的区域，如图6-31a所示。

4）移动鼠标，单击一点指定该局部放大视图位置，即可得到如图6-31b所示的局部放大图。

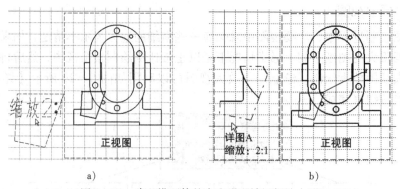

图6-31　建立模型体的多边形区域局部放大图

3．快速生成局部放大图

【详细信息】工具栏上还有 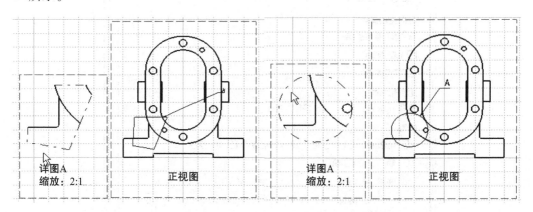 和 两个按钮，二者分别用于生成"快速详细视图"和"快速详细视图轮廓"。它们与前两个按钮使用方法相同，但结果略有不同。局部放大视图会计算出圆形或多边形边界和零件的交点，并用点画线将零件内的区域表示出来。而快速局部放大视图不计算此交点，直接将整个区域绘出，完整保留了圆形或多边形的边界，如图 6－32 所示。

图 6－32　快速生成的圆形区域和多边形区域的局部放大图

6.4　编辑和修改视图

6.4.1　修改视图和图页的特性

1．视图特性

视图的比例、显示方式、修饰情况等特性在生成视图后也可以修改。不同类型的视图有不同的特性，要修改视图的特性，可按下述方法操作：

1）在要修改的视图边框（或特征树）上单击右键，然后在右键快捷菜单中选择【属性】命令。

2）在打开的【属性】对话框中，可以修改视图特性和图形特性，如图 6－33 所示。

3）在"视图"选项卡中包含以下视图特性项：

➤"显示视图框架"复选框：是否显示视图的边框。

➤"锁定视图"复选框：是否锁定视图。

➤"可视裁剪"复选框：视图可见性修剪。通过调整一个矩形窗口，确定视图的可见部分。

➤"比例和方向"选项组：视图的比例和方向。用"角度"文本框可改变视图的显示角度，在"缩放"文本框中可以改变视图显示比例。

➤"修饰"选项组：选择视图中是否显示修饰线，包括：隐藏线、中心线、轴线、螺纹、圆角、三维空间的点、线等复选框。

> "视图名称"：定义视图名的显示内容，可以设置视图名的前缀和后缀。
> 生成模式：视图的生成模式。可以用四种模式生成视图：精确、CGR、近似和光栅默认。光栅默认生成视图是精确模式。

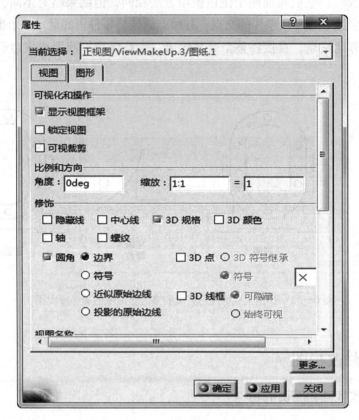

图 6-33 视图【属性】对话框

2. 图页特性

在特性树上右键单击图页（默认为图纸.x），快捷菜单中选择【属性】命令，在如图 6-34所示的图页【属性】对话框中可以设置图页的以下特性：

> "名称"：修改图样的名称。
> "标度"：修改绘图比例。
> "格式"：修改图纸的大小，选中"显示"复选框会显示图幅。
> "投影方法"：可以选择"第一角投影法标准"或"第三角投影法标准"。通常 GB 和 ISO 标准采用的是第一角投影法。
> "创成式视图定位模式"：选择视图的放置方式，包括"零件边界框中心"和"零件 3D 轴"。
> "打印区域"：设置图纸页的打印范围。

图 6 - 34　图页【属性】对话框

6.4.2　重新布置视图

正常情况下生成的投影视图或向视图的位置与主视图是保持对齐关系的，拖动视图的边框就可以按视图的对齐关系移动视图的位置（当拖动主视图的边框时，就会移动全部投影视图）。在 CATIA 工程图绘制过程中，视图之间的对齐关系可以取消，也可以在图面上按用户的要求随意布置每个视图的位置。

1. 改变视图的对齐关系

通常用活动视图生成的左视图、右视图、俯视图和仰视图存在着平齐和对正关系，活动视图是这些投影视图的基本参考视图，可以用右键快捷菜单的【视图定位】命令来改变这些视图的位置关系。具体操作方法如下：

1）在需要改变位置的视图边框上单击右键，在右键快捷菜单中选择【视图定位】→【不根据参考视图定位】，如图 6 - 35 所示。

2）拖动视图边框，视图与参考视图之间即已解除了对齐关系。这样视图就可以随意拖动而放置在图纸的任意位置了。

3）如果要恢复对齐关系，则可用同样的方法。

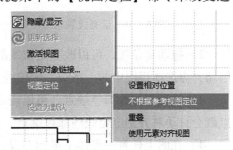

图 6 - 35　无对正关系视图快捷菜单

在视图边框上再次单击鼠标右键，在右键快捷菜单中选择【视图定位】→【根据参考视图定位】。

2. 叠放视图

如果要使两个视图（视图一和视图二）对齐重叠在一起，则可以在要叠放的视图的边框上单击右键，在快捷菜单中选择【视图定位】→【重叠】，再选择要叠放的视图两个边框，两个视图就会重叠到一起。

3. 使用元素对齐视图

在 CATIA 工程图绘制过程中也可以分别选择两个视图中的某两条线使其对齐，从而对齐两个视图。在要对齐的视图边框上单击右键，在右键快捷菜单中选择【视图定位】→【使用元素对齐视图】，再分别选择两个视图中的两条线，使这两条线对齐，这样就可以使两个视图对齐了。

4. 调整视图的相对位置

在要调整位置的视图边框上单击右键，在快捷菜单中选择【视图定位】→【设置相对位置】，这时视图上显示十个定位点和一条定位线，如图 6-36 所示。

1）单击定位线端点处的黑色方块（定位点），红色点会在黑色方块中闪动，选择要定位相对位置的视图边框，定位线的端点自动对齐到目标视图的中心，如图 6-37 所示。

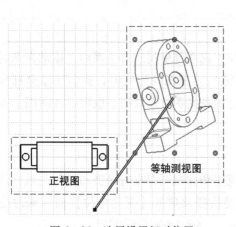

图 6-36 选择设置相对位置

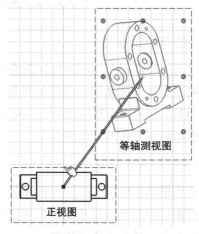

图 6-37 对齐中心

2）拖动定位线，可以改变定位线的长度，如图 6-38 所示。单击定位线，定位线加亮闪动，再选择视图中的一条线，定位线就会与选择的线对齐。

3）拖动定位线绿色端点，可以绕定位线的另一端转动。选择视图中的定位点，该定位点就会自动对齐到定位线的绿色端点，如图 6-39 所示。

4）在图上任意一点单击鼠标左键，完成调整视图的相对位置。

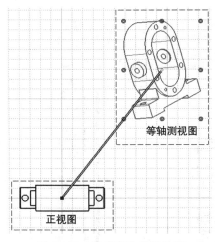

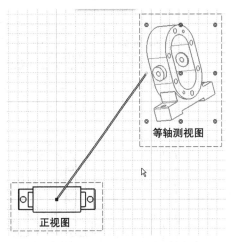

图 6-38　改变定位线的长度　　　　　图 6-39　定位点对齐到绿色端点

6.4.3　修改剖视图、局部视图和向视图的投影方向

当剖视图、向视图或局部放大图生成后，若想要改变投影方向或改变剖切面的位置，可以进入轮廓编辑工作台。在该工作台中，可以改变剖切面的位置或剖视方向、向视图的投影平面或方向、局部放大图的位置等。

1．修改剖视图的定义

如果要改变剖视图的剖切定义或剖切投影方向，则具体操作方法如下：

1）在剖视图的剖切符号（箭头）上双击鼠标左键，如图 6-40 所示，进入轮廓编辑工作台。

2）在轮廓编辑工作台的右侧工具条中有三个激活的工具按钮，如图 6-41 所示。每个按钮的作用如下所述。

➢ 🔲：修改剖切面的定义。

➢ 🔲：修改剖视投影方向。

➢ 🔲：退出轮廓编辑工作台。

3）剖视图修改完成后，单击按钮 🔲 退出轮廓编辑工作台，视图即自动更新。

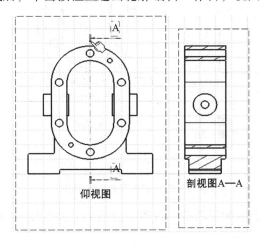

图 6-40　修改剖视图

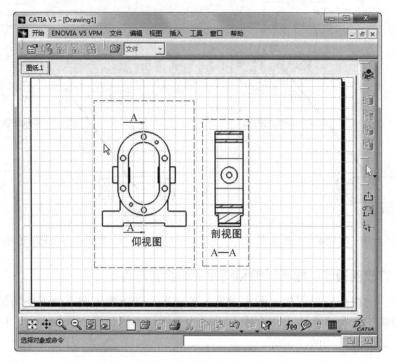

图 6-41　轮廓编辑工作台

2．修改局部放大视图的定义

如果要修改局部放大视图，则操作方法如下：

1）在局部放大视图符号（圆圈）上双击鼠标左键，如图 6-42 所示，系统进入轮廓编辑工作台。

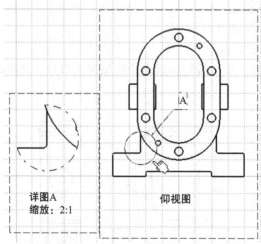

图 6-42　修改局部放大视图

2）在轮廓编辑工作台右侧工具条中有两个激活的工具按钮，如图 6-43 所示。每个按钮的作用如下所述。

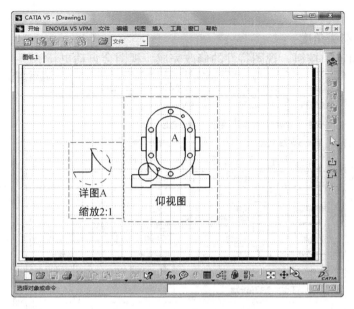

图 6-43　轮廓编辑工作台

➤ 📷：修改局部放大视图引出的定义，可以重新绘制圆圈或定义引出的位置。

➤ 🔲：退出轮廓编辑工作台。

3）局部视图修改完成后，单击按钮🔲退出轮廓编辑工作台，视图即自动更新。

如果要修改向视图的投影平面或投影方向，则其操作方法与上述基本类似，在此不再赘述。

6.4.4　修改剖视图、局部放大视图和向视图的特性

CATIA 可以通过修改制图标准来定义剖面图和局部放大图的视图表达方式，有些内容也可以通过修改视图的特性来改变。

1. 修改剖视图的视图特性

修改剖视图视图特性的具体操作方法如下：

1）在剖视图上引出的箭头上单击右键，在快捷菜单中选择【属性】命令，如图 6-44 所示。

2）视图【属性】对话框的"标注"选项卡如图 6-45 所示，在其中可以修改与剖视图相关的视图特性，简述如下：

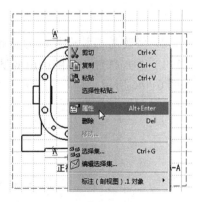

图 6-44　选择【属性】命令

➤ "辅助视图/剖视图"：修改剖切线的样式，可以用按钮选择四种形式之一。

➤ "线宽"：连接线的宽度。

➤ "线型"：连接线的形状。

➤ "末端厚度"：剖切面及转折线宽。

➤ "定位点"：箭头定位，可以选择指向剖切面或离开剖切面。

➤ "大小不取决于视图标度"复选框：选中时，剖切符号的大小不随视图比例变化。

➤ "箭头"：箭头线长度。

➤ "头部"：箭头样式。

➢ "长度": 箭头长度。

➢ "角度": 箭头角度。

3) 单击【确定】按钮, 视图特性的修改完成, 视图会自动更新。

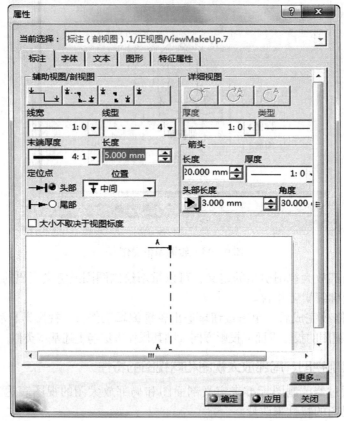

图 6-45　【属性】对话框

2. 修改局部放大视图的特性

1) 在局部放大视图引出的圆圈或箭头上单击右键, 在快捷菜单中选择【属性】命令, 如图 6-46 所示。

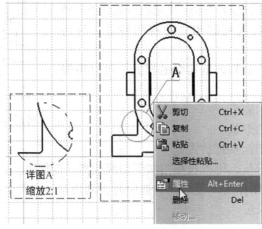

图 6-46　选择【属性】命令

2）视图【属性】对话框的"标注"选项卡如图 6-47 所示，在其中可以修改剖视图的视图特性，简述如下：

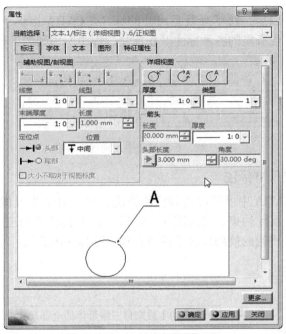

图 6-47 【属性】对话框

➤ "详细视图"：可以选择局部引出的三种表达方式之一。

➤ "厚度"：圆圈的线宽。

➤ "类型"：圆圈的类型。

3）单击【确定】按钮，视图特性修改完成，视图会自动更新。

4）选择引出箭头，在箭头的黄色方块处单击右键，则在快捷菜单中还可以改变引出符号的不同表达方式，如图 6-48 所示。

向视图引出特性的修改方法与上述操作步骤类似，在此不再赘述。

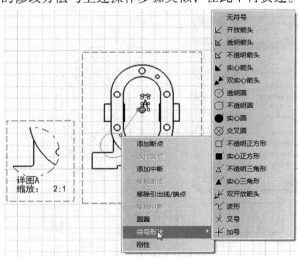

图 6-48 改变引出符号的表达方式

6.5 尺寸生成与标注

投影视图工作结束以后，接下来就是尺寸的标注。CATIA 提供了强大的工程图标注功能，简单的操作即可完成所需的各种标注。在标注过程中所用到的工具栏如图 6－49 所示。

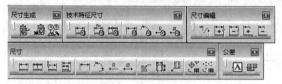

图 6－49 标注过程中用到的工具栏

6.5.1 自动生成尺寸标注

自动尺寸标注是 CATIA 中极具特色的标注方法，尺寸自动生成的必要条件是模型体在草图设计时已经施加了尺寸约束。通过图 6－50 所示的工具栏上的三个按钮完成尺寸标注，下面通过分别叙述每个按钮的使用方法来说明自动尺寸标注的方法。

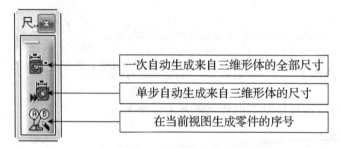

图 6－50 【尺寸生成】工具栏

1. 一次自动生成全部尺寸

单击【生成尺寸】按钮，弹出如图 6－51 所示的【生成的尺寸分析】对话框，并在工程图上生成尺寸标注。

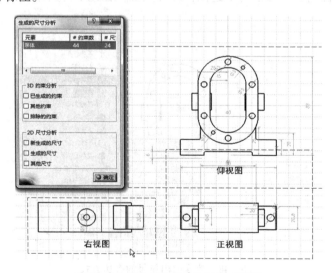

图 6－51 【生成的尺寸分析】对话框

该对话框中显示了该模型体在零件设计时的约束数为 44 个，生成尺寸标注的数量是 24 个。

在【生成的尺寸分析】对话框"3D 约束分析"选项组中有三个复选框：

➤ "已生成的约束"：选中该选项，系统会把所有已经在工程图上生成的约束在零件上标注出来。

➤ "其他约束"：选中该选项，系统会把没有在工程图上生成的约束在零件上表示出来，用于指导在新视图中标注余下的约束。

➤ "排除的约束"：选中该选项，则显示与标注无关的约束。

在【生成的尺寸分析】对话框的"2D 尺寸分析"选项组中也有三个复选框：

➤ "新生成的约束"：选中该选项，系统会高亮显示新生成的尺寸。

➤ "生成的尺寸"：选中该选项，系统会高亮显示所有利用自动生成标注所生成的尺寸。

➤ "其他尺寸"：选中该选项，系统只显示之前手动生成的尺寸标注。

2. 逐步生成尺寸

单击【逐步生成尺寸】按钮 ，弹出如图 6-52 所示的【逐步生成】对话框。对话框中各符号分述如下：

➤ 滑动条 ：显示正在标注尺寸的序号。

➤ 按钮 ：标注下一个尺寸。

➤ 按钮 ：标注剩余全部尺寸。

➤ 按钮 ：停止标注尺寸。

➤ 按钮 ：暂停，用于调整或删除当前尺寸。

➤ 按钮 ：删除当前尺寸。

➤ 按钮 ：将当前尺寸改注在其他视图。

选中"在 3D 中可视化"复选框，标注尺寸时，如果同时打开三维零件窗口，则会在三维零件上显示当前尺寸。

图 6-52 【逐步生成】对话框

选中"超时"复选框，可以设置自动暂停时间，即在不操作按钮 时，停留一段时间后会自动生成下一个尺寸标注。

在尺寸标注的过程中可以调整当前尺寸标注的位置和标注方式。标注时，当前生成的尺寸显示为桔黄色。

3. 生成零件序号

【生成零件序号】按钮 可以在装配图中产生零件的编号，在使用之前应该先给所有零件编码。在装配体设计工作台中先为零部件定义零件号，然后到工程图工作台中标注部件号，具体操作方法如下：

1）从工程图工作台转换到装配设计工作台。

2）在装配树上选择根节点装配，单击【生成编号】按钮 ，显示【生成编号】对话框，如图 6-53 所示。

3）在对话框中选择零件号的标注方式："整数"或"字母"，单击【确定】按钮，即生成零件号。

4）转换回工程图工作台，把要标注零件号的视图设置为当前视图，在【生成】工具栏中，单击【生成零件序号】按钮 ，完成自动生成零件号，如图 6-54 所示。

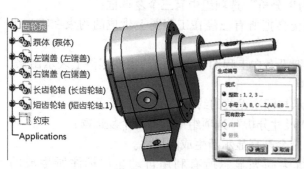

图 6-53 装配体中生成零件编号

图 6-54 工程图中生成零件编号

4. 生成明细表

当在装配设计工作台定义部件号后，就可以生成明细表了。CATIA 可以在装配设计工作台中定义生成明细表的格式，定义明细表格式的方法如下：

1）在装配设计工作台中，选择下拉菜单【分析】→【物料清单】命令，此时会显示【物料清单：齿轮泵】对话框，如图 6-55 所示。

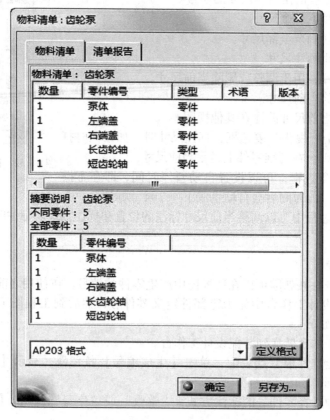

图 6-55 【物料清单：齿轮泵】对话框

2）在【物料清单：齿轮泵】对话框中可以查看明细表的格式，若对当前格式进行修改，选择格式下拉列表中已保存的格式，或单击对话框中【定义格式】按钮，显示【物料清单：定义格式】对话框，如图 6 - 56 所示，在对话框中可以设置明细表中要生成的内容和格式。

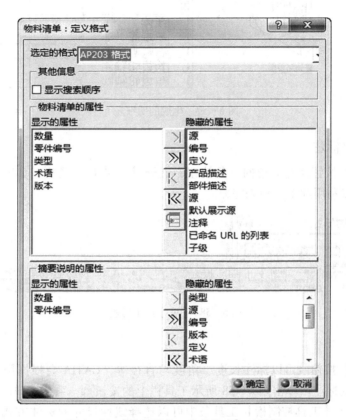

图 6 - 56　【物料清单：定义格式】对话框

3）单击【确定】按钮，即完成明细表的格式定义。返回【物料清单：齿轮泵】对话框，查看明细表格式，单击【确定】按钮，设置完成，退出对话框。

物料清单格式设置完成后，就可以在装配图中生成明细表了。在装配图中生成明细表的具体操作方法如下：

1）在工程图工作台，选择下拉菜单【编辑】→【背景】，进入工程图背景层。

2）在背景层中，单击生成明细表工具按钮 。

3）选择【窗口】菜单，转换到装配设计工作台。

4）在装配设计工作台中选择装配树的根节点装配。

5）系统自动转换回工程图工作台，在工程图工作台选择一点作为明细表的插入点，即可自动生成明细表，如图 6 - 57 所示。

6）双击生成的明细表，就可以进行编辑。编辑完成后，选择菜单【编辑】→【工作视图】，即退出背景层，返回到工作视图。

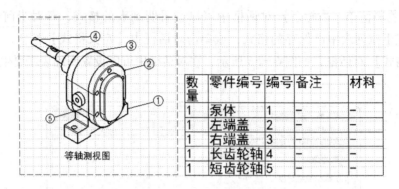

数量	零件编号	编号	备注	材料
1	泵体	1	—	—
1	左端盖	2	—	—
1	右端盖	3	—	—
1	长齿轮轴	4	—	—
1	短齿轮轴	5	—	—

图 6-57　生成的明细表

6.5.2　尺寸标注

单击【尺寸】按钮 左下角的三角按钮，展开【尺寸】工具栏，如图 6-58 所示。基本尺寸标注都可以利用此工具栏来完成。

图 6-58　【尺寸】工具栏

1. 尺寸标注

利用【尺寸】按钮 可以标注长度、角度与直径等，CATIA 会根据用户选取的图形轮廓自动给出合适的标注。单击图 6-58 所示工具栏上的按钮 ，系统会弹出图 6-59 所示的【工具控制板】，在【工具控制板】工具条中可以选择线性尺寸的标注方式。工具条中各按钮的作用分述如下：

图 6-59　【工具控制板】工具条

➢ 投影的尺寸 ：标注图形元素投影的尺寸。

➢ 强制标注元素尺寸 ：强制标注于图形元素同方向的尺寸。

➢ 强制在视图中水平标注尺寸线 ：强制在视图内标注水平方向的尺寸。

➢ 强制在视图中垂直标注尺寸线 ：强制在视图内标注垂直方向的尺寸。

➢ 强制沿同一方向标注尺寸 ：强制在视图内标注指定方向的尺寸。

➢ 实长尺寸 ：标注图形元素的实际长度。

➢ 检测相交点 ：当计算尺寸时检测交点。

2. 链式尺寸标注

链式尺寸标注是指通过逐个选择标注点来连续标注尺寸。具体标注方法如下：单击图6-58所示工具栏上的【链式尺寸标注】按钮 ▦，依次选择标注点尺寸界限的位置①、②、③和④，再选择一点确定放置尺寸线的位置，标注结果如图6-60所示。

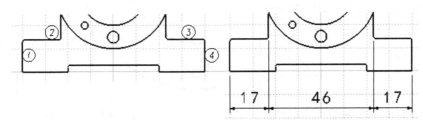

图6-60　链式尺寸标注

3. 累积尺寸标注

使用此功能可以标注累积尺寸，就是累加各段尺寸。具体标注方法如下：单击图6-58所示工具栏上的【累积尺寸标注】按钮 ▦，依次选择如图6-60所示的标注点尺寸界限的位置①、②、③和④，再选择一点确定尺寸线的位置，标注结果如图6-61所示。

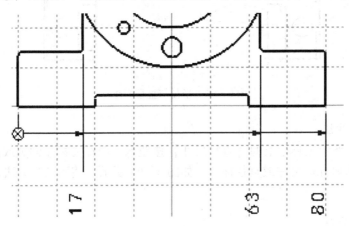

图6-61　累积尺寸标注

4. 堆叠式尺寸标注

使用此功能可以标注堆叠尺寸，标注方法如下：单击图6-58所示工具栏上的【堆叠式尺寸标注】按钮 ▦，依次选择图6-60所示标注点尺寸界限的位置①、②、③和④，再选择一点确定尺寸线的位置，标注结果如图6-62所示。

5. 长度/距离尺寸标注

【长度/距离尺寸标注】按钮 ▦ 与【尺寸标注】按钮 ▦ 相比，在标注长度型尺寸时功能及操作相同，但在确定尺寸位置时其快捷菜单增加了"尺寸减半"选项，可以只画一侧的尺寸界线及箭头。

6. 角度尺寸标注

使用此功能可以标注角度。单击【角度尺寸】按钮，选择两条直线轮廓，然后在合适的标注位置单击一下鼠标即可完成角度标注，如图 6-63 所示。

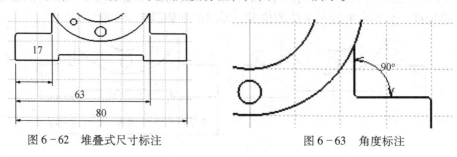

图 6-62　堆叠式尺寸标注　　　　　　　　图 6-63　角度标注

7. 半径尺寸标注

单击图 6-58 所示工具栏上的【半径尺寸】按钮，选择要标注的圆或圆弧，然后在合适的标注位置单击鼠标即可完成半径标注，如图 6-64 所示。半径标注也可以改成直径标注，方法是将鼠标移至标注线上后单击右键，出现快捷菜单时选择【对象】→【转换为直径】。

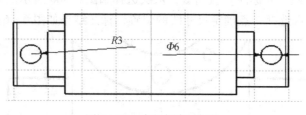

图 6-64　半径与直径标注

8. 直径尺寸标注

单击图 6-58 所示工具栏上的【直径尺寸】按钮，选择要标注的圆或圆弧，然后在合适的标注位置单击鼠标即可完成直径标注，如图 6-64 所示。使用同样方法，直径标注也可以改成半径标注。

9. 倒角尺寸标注

单击图 6-58 所示工具栏上的【倒角尺寸】按钮，会出现如图 6-65 所示工具板，在该工具板中有四种标注方式和两种标注选项（单箭头、双箭头）。操作时，先选择标注方式和标注选项，再选择要标注的倒角，然后在合适的标注位置单击鼠标即可完成倒角标注，如图 6-66 所示。

10. 螺纹尺寸标注

单击图 6-58 所示工具栏上的【螺纹尺寸】按钮，选择要标注的螺纹即可完成螺纹尺寸标注，如图 6-67 所示。

图 6-65　倒角尺寸【工具控制板】

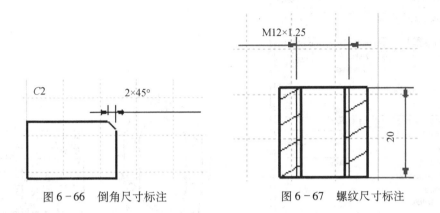

图 6-66　倒角尺寸标注　　　　图 6-67　螺纹尺寸标注

11. 坐标值标注

单击图 6-58 所示工具栏上的【坐标值标注】按钮，选择要标注的点，如圆的中心，然后在合适的标注位置单击鼠标，即可完成坐标标注，如图 6-68 所示。

12. 建立孔尺寸表

使用此功能可以建立孔尺寸表，用于表示孔相对于坐标轴的位置尺寸。操作方法举例如下：依次选择如图 6-69 所示的 6 个孔，单击图 6-58 所示工具栏上的【建立孔尺寸表】按钮，弹出如图 6-70 所示的【轴系和表参数】对话框。该对话框中的"X""Y"文本框确定了所选孔的参照系的原点位置，"角度"文本框确定了轴的方向，"翻转"右侧的两个可选择按钮确定了参照系是否绕水平或垂直方向翻转。在"标题"文本框中可输入表的标题。该表最多为四列，依次是孔的序号、孔心 X、Y 坐标和直径。通过"列"下拉列表确定孔的序号是以字母还是数字方式表示，通过"X""Y"和"直径"复选框确定是否包含这些列。在右边的"标题"文本框中填写这些列的标题。单击【确定】按钮，在合适的位置单击鼠标来确定表的位置，即可得到孔的分布表，如图 6-71 所示。

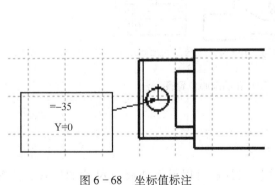

图 6-68　坐标值标注

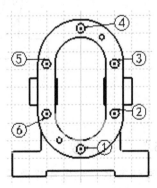

图 6-69　依次选取 6 个孔

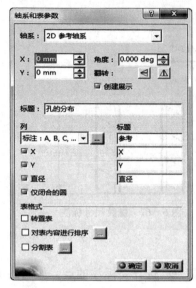

图 6 - 70 【轴系和表参数】对话框

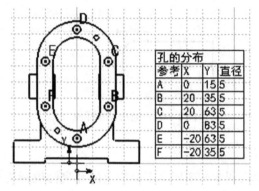

图 6 - 71 孔的分布表

13. 建立坐标尺寸表

建立坐标尺寸表的使用方法与建立孔尺寸表的方法基本相同，所不同的是要选择点。同样选择如图 6 - 69 所示圆孔的圆心，单击图 6 - 58 所示工具栏上的【建立坐标尺寸表】按钮，弹出如图 6 - 70 所示的【轴系和表参数】对话框。确定参数后单击【确定】按钮，在合适的位置单击鼠标确定表的位置，即可得到孔的位置表，如图 6 - 72 所示。

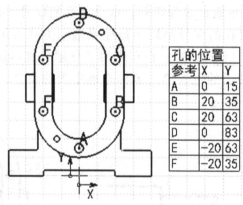

图 6 - 72 孔的圆心位置表

6.5.3 尺寸修改

1. 通过工具栏设置或修改尺寸的特性

通过如图 6 - 73 所示的【尺寸属性】工具栏可以设置或修改尺寸的样式、公差类型、公差值、数字格式、精度等尺寸特性。通过相应的下拉列表可以选择需要的格式。

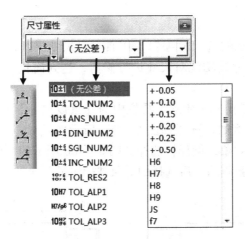

图 6-73 【尺寸属性】工具栏

2. 通过对话框设置或修改尺寸的特性

右击一个尺寸，在快捷菜单中选择"属性"，系统弹出如图 6-74 所示的【属性】对话框。该对话框有"值"等 9 个选项卡，通过该对话框可以修改尺寸数值的格式和精度、尺寸文本的方位和字体、尺寸公差的类型和数值、尺寸线的属性和箭头样式、尺寸界线的属性和超出尺寸线及偏移被注对象的距离等。

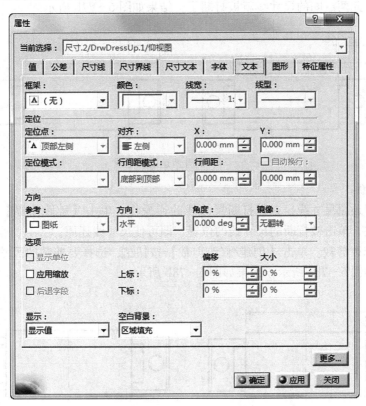

图 6-74 【属性】对话框

3. 编辑尺寸

可以通过图 6-75 所示的【尺寸编辑】工具栏对尺寸界线进行修改。当视图内的尺寸过多时，可以利用修改尺寸线功能对尺寸进行修剪，达到简化视图和容易读图的目的。

1）重设尺寸。单击图 6-75 所示工具栏中的【重设尺寸】按钮 ，选择一个尺寸，例如，选择如图 6-76a 所示的尺寸，再选择一个待标注的同类对象，例如，选择如图 6-76b 所示的直线，则先选择的尺寸被我删除，后选择的对象被标注了尺寸。

图 6-75 【尺寸编辑】工具栏

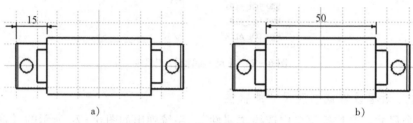

图 6-76 重设尺寸

2）断开所选的尺寸线。在尺寸线相互重叠时可以使用此功能打断尺寸线。单击【断开所选的尺寸线】按钮 ，选择要断开尺寸界线的尺寸，如图 6-77a 所示。在欲打断的尺寸线上单击两点，此两点间的尺寸线就被打断了，结果如图 6-77b 所示。

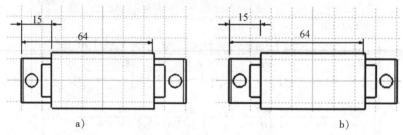

图 6-77 断开所选的尺寸线

3）移除中断

移除中断即还原尺寸线，它是打断尺寸线的逆操作。单击【移除中断】按钮 ，选择所要修改的标注，单击被打断的尺寸线的位置，即可使尺寸线还原。

4）创建/修改剪裁。单击【创建/修改剪裁】按钮 ，选择要剪裁的尺寸，指定尺寸要保留的一侧，如图 6-78a 所示，结果如图 6-78b 所示。

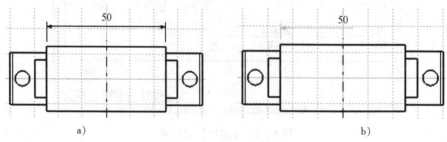

图 6-78 创建/修改剪裁

5）移除剪裁。移除剪裁是创建/修改剪裁的逆操作。单击【移除剪裁】按钮，选择所要修改的标注，单击被剪裁的尺寸线的位置，即可使尺寸线还原。

6.5.4　公差标注

公差标注可以利用图 6-79 所示的【公差】工具栏来完成。

图 6-79　【公差】工具栏

1. 特征基准标注

单击【基准特征】按钮，选择作为基准的投影线段，鼠标单击一点确定基准特征放置位置，弹出图 6-80 所示的对话框，填入基准编号，然后单击【确定】按钮结束操作，就完成了特征基准的创建。

2. 形位公差标注

设置了基准以后，就可以进行形位公差的标注了。图 6-81 所示即为形位公差标注结果。方法是单击图 6-79 所示工具栏中的【形位公差】按钮，选择所要标注的轮廓，弹出如图 6-82 所示的【形位公差】对话框，在对话框中填入所要标注的公差后，单击【确定】按钮结束操作，结果如图 6-81 所示。

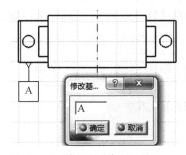

图 6-80　特征基准标注

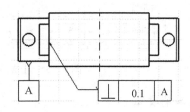

图 6-81　形位公差标注

【形位公差】对话框中的"过滤器公差"选项可根据所选择的轮廓过滤不适合的公差。在"公差"选项组，单击按钮右下角的三角按钮，可以选择任意的形位公差符号。

在公差符号右侧的文本框中可以输入公差值。"参考"选项组用于设置参考基准，可以通过选择特征基准来填入。在添加公差标准的过程中，如果要使用直径等特殊符号，则可以单击【插入符号】按钮右下角的三角按钮来选择特殊符号，选择以后符号会被自动添加到文本框中。

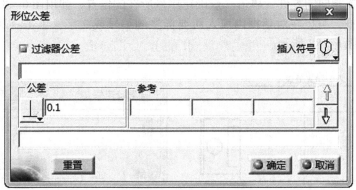

图 6-82　【形位公差】对话框

6.5.5 文本标注

文本标注是利用如图 6-83 所示的【文本】工具栏完成的。

1. 标注文字

标注文字是利用图 6-83 所示工具栏中的【文本】按钮**T**完成的。单击该按钮，在工程图中准备标注的位置单击一下，弹出如图 6-84 所示的【文本编辑器】对话框。在对话框内输入所要标注的文字，然后单击【确定】按钮，结束相应操作。

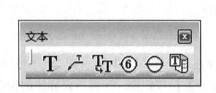

图 6-83 【文本】工具栏   图 6-84 【文本编辑器】对话框

如果要修改文本的字体、字高，是否采用粗体、是否采用斜体、是否带上（下）画线、是否书写上（下）标等，则可以在图 6-85 所示的【文本属性】工具栏中设置。

图 6-85 【文本属性】工具栏

2. 带引出线的文本

利用图 6-83 所示工具栏中的【带引出线的文本】按钮可以标注带引出线的文本。单击该按钮，先选择箭头所要指的轮廓，然后再单击一点确定文字所在的位置，弹出如图 6-84 所示的【文本编辑器】对话框。在对话框内输入所要标注的文字，然后单击【确定】按钮，结束该操作。标注结果如图 6-86 所示。

3. 零件序号

标注零件序号是利用图 6-83 所示工具栏中的【零件序号】按钮◎来完成的。单击该按钮，选择箭头所要指向的零件，单击一点确定序号所在的位置，弹出图 6-87 所示的【创建零件序号】对话框。可以在对话框内填入所要标注的编号或文字，单击【确定】按钮，结束操作。结果如图 6-88 所示。

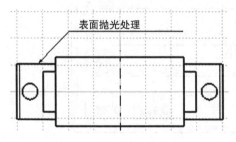

图 6-86 带引出线的文本   图 6-87 【创建零件序号】对话框

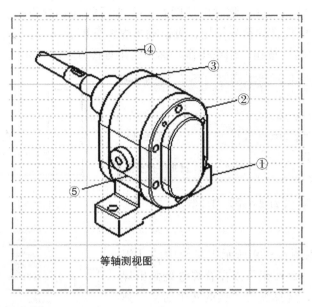

图 6－88 创建零件序号

6.5.6 符号标注

符号标注是利用如图 6－89 所示的【符号】工具栏来完成的。该工具栏主要用于标注表面粗糙度符号、焊接符号和焊缝标记。

1. 表面粗糙度符号标注

表面粗糙度的标注是利用图 6－89 所示工具栏中的【粗糙度符号】按钮 来完成的。单击该按钮，选择要标注的轮廓，弹出图 6－90 所示的【粗糙度符号】对话框。在对话框中定义粗糙度标注的参数，输入粗糙度值，选择粗糙度类型。设置完成对话框后，单击【确定】按钮，结束操作。标注结果如图 6－91 所示。

图 6－89 【符号】工具栏

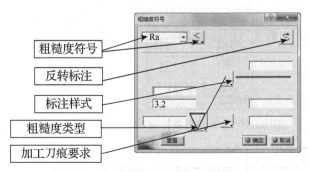

图 6－90 【粗糙度符号】对话框

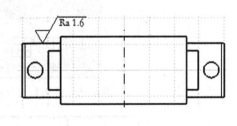

图 6－91 表面粗糙度符号标注

2. 焊接符号标注

焊接符号标注是利用图 6－89 所示工具栏中的【焊接符号】按钮 来完成的。单击该按钮，选择一点作为焊接符号标注点（或选择两条曲线，则这两条线的交点就是标注点），再单击一点确定标注符号的位置，此时出现图 6 - 92 所示的【创建焊接】对话框。在对话框的文本框内有多个可供选择的符号按钮，可以输入焊缝宽度、焊缝长度、焊缝符号等，设置完文本框后单击【确定】按钮，结束操作，标注结果如图 6 - 93 所示。

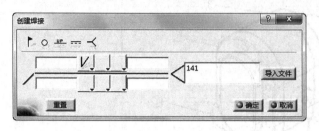

图 6 - 92 【创建焊接】对话框

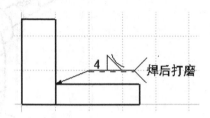

图 6 - 93 焊接符号标注

3. 焊缝标记

焊缝标记是利用图 6 - 89 所示工具栏中的【焊接】按钮来完成的。该按钮可以在有焊缝处画出焊缝标记。单击该按钮，选择需要焊接的两个对象，弹出如图 6 - 94 所示的【焊接编辑器】对话框，在对话框中输入焊缝标记的尺寸，再选择焊缝样式，设置完成后单击【确定】按钮，结束操作，完成焊缝标记。

图 6 - 94 【焊接编辑器】对话框

6.5.7 生成表格

表格标注是利用图 6 - 95 所示的【表】工具栏来完成的。

1. 表格标注

表格标注是利用图 6 - 95 所示工具栏中的【表】按钮来完成的。使用方法是单击该按钮，弹出如图 6 - 96 所示的【表编辑器】对话框。在此处设置表格的列数和行数，然后单击【确定】按钮。再单击一点确定表格位置，双击表格即可在表格中输入想要的文本，如图 6 - 97 所示。

图 6 - 95 【表】工具栏

图 6 - 96 【表编辑器】对话框

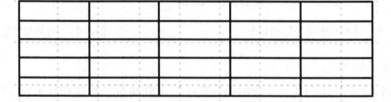

图 6 - 97 创建表格标注

2. 从 CSV 创建表

从 CSV 创建表是指将事先作好的表格数据文件存成 CSV 文件，然后利用【从 CSV 创建表】按钮▦将表格数据文件引入工程图中。操作方法是单击该按钮，弹出图 6-98 所示的【选择文件】对话框，选择事先制作好的 CSV 格式文件，然后单击【打开】按钮，在工程图中单击一点确定表格位置，就可以导入表格。利用此种方法可以加快表格的制作速度。

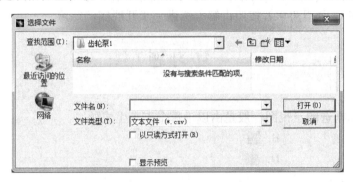

图 6-98　【选择文件】对话框

6.5.8　工程图更新存档及关联检查

1. 更新视图

CATIA 中工程图文件并不是独立存在的，它是和源零件文件相关联的，源零件文件修改以后，工程图文件可以利用简单的方法进行修改，而免去了重新建立视图的麻烦。更新视图的方法很简单，更改完零件并保存以后，打开所对应的工程图文件，单击工具栏上的【更新】按钮◙，就完成了视图的更新。更改后的视图逻辑关系保持不变，只是视图中零件的轮廓发生了改变。

2. 存档

选择【文件】→【另存为】或【保存】或【保存管理】命令可以对文件进行保存管理。

3. 关联检查

选择【编辑】→【链接】命令，系统弹出图 6-99 所示的【文档的链接】对话框，在此对话框中可以检查视图是否关联。

图 6-99　【文档的链接】对话框

本章小结

本章讲解了 CATIA V5 工程图设计的基本知识，主要内容有工程图投影视图、剖视图和局部视图的生成、编辑和修改，以及尺寸生成和尺寸标注等基本方法。通过本章的学习，初学者能够熟悉 CATIA V5 工程图的生成及尺寸、符号、文本等标注的基本命令，而且能够快速生成 BOM 表。本章的重点和难点为工程图各种视图的生成以及尺寸、公差、文本、符号等标注的具体应用，希望初学者按照讲解方法进一步开展实例练习。

复习题

一、选择题

1. 图 6 - 100 所示框选的正视图一般是由以下哪个工具生成的 （   ）

   A. ▧   B. ▧

   C. ▧   D. ▧

2. ▧工具的作用是 （   ）

   A. 标注长度   B. 给装配产品添加球标

   C. 添加公差基准   D. 标注弧长

3. 在工程图中，要以一定比例导入一个零件的正视图，使用的命令按钮是 （   ）

   A. ▧   B. ▧   C. ▧   D. ▧

4. 要作一个旋转剖视图，且只需要显示剖面，则使用的命令按钮是 （   ）

   A. ▧   B. ▧   C. ▧   D. ▧

5. 完成如图 6 - 101 所示的局部视图，应该使用的命令按钮是 （   ）

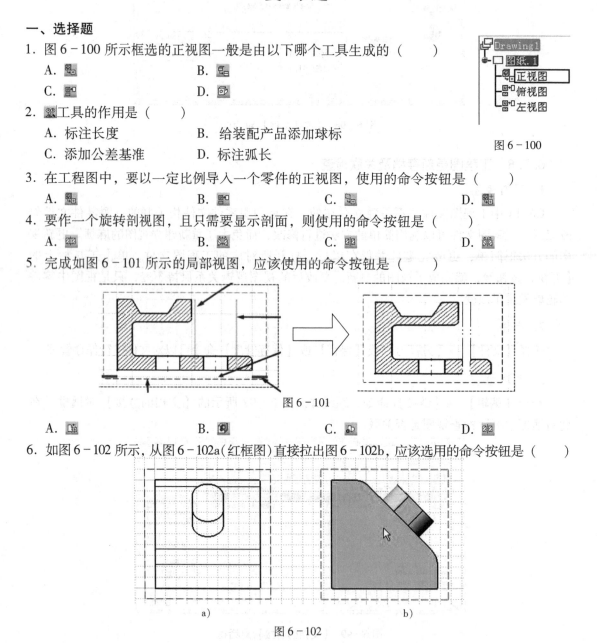

图 6 - 101

   A. ▧   B. ▧   C. ▧   D. ▧

6. 如图 6 - 102 所示，从图 6 - 102a（红框图）直接拉出图 6 - 102b，应该选用的命令按钮是 （   ）

a)   b)

图 6 - 102

A. [图标]　　　　　　B. [图标]　　　　　　C. [图标]　　　　　　D. [图标]

E. [图标]

7. 在工程图中，按钮[图标]的作用是（　　　）

A. 创建对称轴　　　　B. 创建轴线　　　　C. 镜像视图　　　　D. 创建中心线

8. 创建累积尺寸应用的按钮是（　　　）

A. [图标]　　　　　　B. [图标]　　　　　　C. [图标]　　　　　　D. [图标]

二、上机操作题

将本书第 3 章图 3 - 172（题 3 - 1）创建的五个三维实体模型分别生成为工程图。

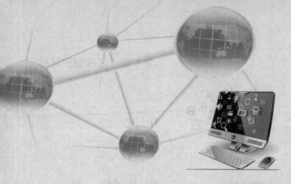

附 录 CATIA 操作过程中易出现的问题及应用技巧

1. CATIA 的命名：

CATIA 保存的文件名不能使用中文，但内部零件（part）、装配体（product）可以使用中文。

2. CATIA 系统本身的常用操作快捷键：

〈Esc〉——退出当前命令（如果当前命令在执行过程中）；

〈F1〉——实时帮助；

〈Shift〉+〈F1〉——工具条图标的帮助；

〈Shift〉+〈F2〉——结构树（specification tree）总览的开关；

〈F3〉——隐藏（显示）目录树；

〈Shift〉+〈F3〉——切换结构树/图形区域的激活状态；

〈Ctrl〉+〈F4〉——关闭 CATIA 当前的窗口；

〈F5〉——调出【操作平面】对话框（对【由 N 点成面】等命令尤为重要）；

〈Ctrl〉+〈F11〉——出现物体选择器；

〈Alt〉+〈F8〉——运行宏（Run macros）；

〈Ctrl〉+〈C〉——复制（Copy）；

〈Ctrl〉+〈F〉——查找（Search）；

〈Ctrl〉+〈G〉——选择集（Selection Sets...）命令；

〈Ctrl〉+〈N〉——新建（New）；

〈Ctrl〉+〈O〉——打开（Open）；

〈Ctrl〉+〈P〉——打印（Print...）；

〈Ctrl〉+〈S〉——保存（Save）；

〈Ctrl〉+〈U〉——更新（Update）；

〈Ctrl〉+〈V〉——粘贴（Paste）；

〈Ctrl〉+〈X〉——剪切（Cut）；

〈Ctrl〉+〈Y〉——重做（Redo）；

〈Ctrl〉+〈Z〉——撤销（Undo）；

〈Ctrl〉+〈Tab〉——在 CATIA 打开的各个窗口之间进行切换；

〈Ctrl〉+鼠标滚轮——特征树（Tree）的缩放；

〈Ctrl〉+鼠标中键——视图放大缩小；

〈Ctrl〉+〈Page up〉——放大（Zoom in）；

〈Ctrl〉+〈Page down〉——缩小（Zoom out）；

〈Ctrl〉+ 上下左右箭头——平移（Pan）；

〈Ctrl〉+〈Shift〉+ 左右箭头——旋转（Rotate）；

〈Alt〉+〈Shift〉+ 上下左右箭头——旋转（Rotate）；

向上箭头——迁移页面图形的十分之一到顶端；

向下箭头——迁移页面图形的十分之一到底部；

左箭头——迁移页面图形的十分之一到左边；

右箭头——迁移页面图形的十分之一到右边；

〈Alt〉+ 鼠标中键——视图平移；

〈Alt〉+ 鼠标左键 + 鼠标中键——视图旋转；

〈Alt〉+〈Enter〉——打开【属性】对话框；

〈Shift〉+ 中键——出现红色方块后拖拉，即可快速缩放大小；

先按〈Ctrl〉，再按住中键——放大缩小；

先按中键，再按住〈Ctrl〉键——对象旋转（对象旋转时，外面会出现红色的圆形区
域。在圆形区域内，是 XYZ 轴的任意旋转；在圆形区
域外，是针对 Z 轴的特定旋转）；

按住〈Shift〉键，移动工具条——可以实现工具条的横竖转换。

3．如何改变系统默认的坐标平面的大小以及颜色：

【工具】→【选项】→【基础结构】→【零件基础结构】→【显示】→【在几何区域
中显示】→【轴系显示大小】，把默认值从"10"改为更大值，就可改变基准面的尺寸大小
了。但颜色只能在界面上【图形属性】工具上直接改。

4．解决图标按钮变为英文注释的方法：

使用 CATIA 软件的过程中，偶尔会遇到"零件设计"和"装配设计"环境中原来非常
形象的工具图标按钮全部变成用英文单词表达的形式，如"倒角"变成"ChamferHeader"，
"拉伸"变成"PadHeader"等，使用起来极不方便。原因可能是在使用 CATIA 的过程中，
由于操作上的原因，产生了一些临时性文件，如 CATsettings、CATtemp 等文件，这些临时性
文件会自动保存，可能会对 CATIA 的使用造成一些影响。所以应及时查找出这些文件，将
其删除。

5．CATIA 绘图区被锁定不能对图形进行修改和移动（模型颜色变灰），解决方法有：

1）把鼠标移至特征树白色的分支线节点附近，当鼠标变成手形后，单击鼠标。

2）双击屏幕右下角的小坐标系。

3）按两次〈F3〉键。

6．双击工具图标按钮，可多次执行上一次的操作命令。

7．CATIA 如何快速定义草图方向：

按〈Ctrl〉键单击选择在草图中作为 X 轴的边，再选择草图平面，然后选择草图功能，
则草图自动转到所需的方向。

8．绘制草图时，没有约束。可以通过选择激活【可视化】工具栏上的"几何约束"及
"尺寸约束"解决（显亮色）。

9．绘制草图时，改变临时约束：

进行草图约束绘制时，有时会出现"创建的约束是临时的，请激活约束创建开关"的
提示框，这时可以通过激活【草图工具】工具栏上的"几何约束"及"尺寸约束"解决
（显亮色）。

10. 如何在草图中动态调整尺寸：

选中已标注的实体，再按住〈Shift〉键，然后拖动实体，则实体上标注的尺寸值会动态变化。

11. 约束的技巧：

在虚拟装配中对零件进行装配约束时，最好一次将一个零件完全约束，而且尽可能应用面与面的约束，如平面与平面重合、平面与平面之间的距离、中心线与中心线重合、平面与平面之间的角度等。这些约束条件是非常稳定的装配约束。应尽可能避免使用几何图形的边和顶点，因为它们容易在零件修改时发生变化。

12. 如何多次调用零件：

装配中有时需多次调用某个零件，可以选中要调用的零件，直接用【插入】→【快速多实例化】（〈Ctrl〉+〈D〉）进行复制即可。

13. 激活视图。工程图绘制中，往往要对某一视图进行剖视、局部放大和断裂等操作。在进行这些操作之前，一定要将该视图激活，初学者往往忽略这个问题，从而造成操作失败。激活视图有如下几种方法：

1) 将鼠标移至视图的蓝色边框，双击鼠标，即可将该视图激活。

2) 将鼠标移至特征树，选择要激活的视图，双击视图。

3) 将鼠标移至视图的蓝色边框，右击鼠标，在弹出的快捷菜单中选择"激活图纸"即可。

14. 重新选择图纸：

如果在将零件转化成工程图时选错了图纸的大小，如将 A1 选成 A4 纸，可以右击特征树"图纸"，单击【属性】→【格式】，在弹出的对话框中重新选择所需图纸。

15. 工程图中图框标题栏的插入：

在批量绘制工程图之前，可以先将各种不同图号图纸的图框标题栏制成模板，绘制时分别插入各个工程图。具体操作如下：

1) 进入工程图状态，选择图纸大小，进入【编辑】→【图纸背景】，按照所需标准画好图框及标题栏，将其保存；然后在画好的工程图中，进入【文件】→【页面设置】，在弹出的对话框中选择"Insert Background View"，选择对应的图框格式，单击"Insert"即可。

2) 也可以在投影视图前，先插入制作好的图框及标题栏。具体操作如下：在建立好的零件模型环境中，单击【文件】→【新建自…】，按投影视图所需图纸大小选择事先作好的图框模板文件，即可直接进入已插好图框和标题栏的工程图状态。

16. 鼠标右键的应用：

1) 在半剖视图中标注孔的尺寸时，尺寸线往往是一半，延长线也只在一侧有。如果直接单击孔的轮廓线，按左键确认，出现的是整个尺寸线。可以在还未放置该尺寸前单击鼠标右键，选择"一半尺寸"，即可标注出一半尺寸线。

2) 标注两圆弧外边缘之间的距离时，当鼠标选中两圆弧后，系统自动捕捉两圆心之间的距离尺寸，此时同样在未放置该尺寸之前单击右键，在弹出菜单中的【扩展线定位】命令中选择所要标注的类型。

3) 工程图中有时需要标注一条斜线的水平或垂直距离，或者要标注一条斜线的一个端点与一条直线的距离，这时可以在选中要标注的对象后，通过右键快捷菜单中的【尺寸展示】命令选择所需的尺寸类型。两直线角度尺寸的标注也可以通过右键快捷菜单中的【角度标注】命令选择所需的标注方式。

参考文献

［1］张安鹏，霍有朝，丁军亮. CATIA V5 基础培训标准教程［M］. 北京：北京航空航天大学出版社，2012.

［2］胡海龙. CATIA V5 R18 基础设计［M］. 北京：清华大学出版社，2010.

［3］北京兆迪科技有限公司. CATIA V5 R21 曲面设计教程［M］. 北京：机械工业出版社，2013.

［4］刘宏新，尚家杰，周向荣，等. CATIA 工程制图［M］. 北京：机械工业出版社，2014.

［5］李学志，李若松，方戈亮. CATIA 实用教程［M］. 北京：清华大学出版社，2011.

［6］丁仁亮. CATIA V5 基础教程［M］. 北京：机械工业出版社，2007.